广西自然科学基金：2022JJA150126

国家自然科学基金：4206050052

计算机网络安全与云计算
技术应用研究

罗芳琼　著

U0312027

中国纺织出版社有限公司

图书在版编目（CIP）数据

计算机网络安全与云计算技术应用研究 / 罗芳琼著
. -- 北京：中国纺织出版社有限公司，2024.3
ISBN 978-7-5229-1596-8

Ⅰ. ①计… Ⅱ. ①罗… Ⅲ. ①计算机网络—安全技术
—研究②云计算—研究 Ⅳ. ①TP393.08②TP393.027

中国国家版本馆 CIP 数据核字（2024）第 066963 号

责任编辑：张 宏 责任校对：高 涵 责任印制：储志伟

中国纺织出版社有限公司出版发行
地址：北京市朝阳区百子湾东里 A407 号楼 邮政编码：100124
销售电话：010—67004422 传真：010—87155801
http://www.c-textilep.com
中国纺织出版社天猫旗舰店
官方微博 http://weibo.com/2119887771
河北延风印务有限公司印刷 各地新华书店经销
2024 年 3 月第 1 版第 1 次印刷
开本：710×1000 1/16 印张：11.75
字数：175 千字 定价：98.00 元

凡购本书，如有缺页、倒页、脱页，由本社图书营销中心调换

前　言

　　互联网以其丰富的信息资源和灵活的服务日益影响着人们的生活，人们通过互联网可以获得广泛的应用和信息共享服务。而同时，越来越多的数据泄露、勒索软件攻击和其他类型的网络攻击已使网络安全成为一个热门话题。在复杂的网络环境中，信息的传输和交换使得网络安全问题变得越来越重要。在所有的网络应用中，网络安全问题是无法绕过的。

　　云计算技术涵盖了广泛的技术学科，如通信、存储、数据处理、资源管理等，云计算技术应用范围也非常广泛。它是计算机和互联网进步的产物，也是一项关键的战略技术，是推动信息产业未来创新的手段。近几年，人们对云计算技术的兴趣越来越大。从某种意义上说，云计算技术不仅是一种技术创新，也是一种服务模式的创新，它使计算服务更加方便和快捷。随着云计算技术的发展，云计算已经逐渐渗透人们生活和工作的各个角落，满足了人们的各种需求。云计算技术的独特性改变了传统的信息技术使用模式，将未来信息技术的发展导向高效、灵活和可控，其应用意义不言而喻。云计算催生了新的服务模式，如软件即服务、平台即服务和基础设施即服务，不仅为全球信息产业，也为制造业等传统产业创造了意义深远的变革机会。随着网络时代的发展和完善，计算机越来越多地应用于人们的生活和学习中，而云计算技术的应用和发展，为人们存储、管理、分享数据和交流创造了更加便捷的方式和平台。

　　谈到当前云计算的问题，数据管理可能是人们首先想到的。今天，随着用户越来越多地通过计算机系统访问计算服务，在设计系统时，我们需要考虑主机、系统和网络以及涉及网络安全的各个方面。今天，云计算技术在安全方面取得了长足的进步，但仍存在一些不足之处。我们现在生活在大数据时代，各种来源的数据正以几何级数增长，越来越多的数据需要被长期存储。随着技术的发展，云计算已经成为网络应用的新模式。由于对大量数据的有效管理和对云数据的准确、快速检索，云计算正变得越来越流行。

本书分为五章。第一章是有关计算机网络的基础内容，让读者对计算机网络有一个简单的了解，对于计算机网络安全的重要性有一定的认识；第二章是关于计算机病毒主要危害与防范研究，将计算机网络中的病毒相关理论与危害进行讲解，对于计算机网络病毒的防范有一定的积极作用；第三章是云安全架构理论与防护技术研究，详细介绍了云安全架构体系以及云计算数据与信息安全防护的内容；第四章是云计算平台与云存储虚拟化技术，对云存储虚拟化技术以及安全机制进行探索，分析了云存储技术未来的发展趋势；第五章是云计算信息化技术的主要应用分析，对云计算在中小企业、会计、高校教学以及农业技术中的应用进行分析研究，阐述云计算带给人类的积极影响。

本书由广西科技师范学院罗芳琼撰写，撰写过程中参考了大量有价值的文献与资料，吸取了许多人的宝贵经验，在此向这些文献的作者表示感谢。此外，本书的撰写还得到了出版社领导和编辑的鼎力支持与帮助，同时得到了广西科技师范学院领导的支持和鼓励，以及广西科技师范学院计算机科学与技术重点学科建设项目资助，在此一并表示感谢。计算机网络技术是一门综合性很强的技术，其发展速度也相当迅速，新知识、新方法、新概念等层出不穷，加之作者自身水平有限，书中难免有错误和疏漏之处，敬请广大读者和专家给予批评指正。

罗芳琼

2022 年 12 月

目　录

第一章 概述

随着信息技术的快速发展，互联网已成为信息传播的重要工具。随着互联网技术的快速发展，人们对云计算技术的认识越来越深刻。从某种程度上说，云技术不仅是技术领域的创新，还是服务模式的创新，它使 IT 服务更加方便和容易获得。可以说，云计算已经逐渐渗透人们生活、工作的各个角落，为各种需求服务。但同时，网络安全问题也是不容忽视的。各种病毒层出不穷，系统、应用和软件的安全漏洞逐渐增多，黑客经常通过不正当手段闯入他人的计算机，非法获取用户的信息和数据，给网民造成了不可估量的损失。

第一节 计算机网络与云计算

一、计算机网络概论

（一）计算机网络的定义与功能

1. 计算机网络的定义

计算机网络没有单一的定义，定义因发展阶段或角度的不同而不同。最简单的定义是指一组相互连接的独立计算机。

计算机网络通常被定义为世界上不同地区独立运行的计算机系统的集合，通过通信线路和设备相互连接，并由网络操作系统和协议应用控制，以实现相应的信息资源共享。

对以上定义可通过以下几个方面来理解。

(1)"功能独立"或"自主"的计算机系统是指每个计算机系统都有自己的软件和硬件系统,可以独立运行。

(2)"通信线路"是指光纤、双绞线、同轴电缆和微波等传输介质,而"通信设备"是指网卡、集线器、交换机和路由器等互连和转换设备。

(3)"网络操作系统"是指具有管理网络软件和硬件资源能力的系统软件,如 Windows、Unix、Linux 和 NetWare,而"协议"是指 TCP/IP 协议系列、OSI/RM 和其他协议,每个"协议"是指每个节点要遵循的预先商定的通信规则,如 TCP/IP 协议系列、OSI/RM 等。❶

(4)"资源"是指可以在网络上共享的所有软件、硬件和信息资源。计算机网络的基本目的是"资源共享",即网络上的计算机系统能够与网络上的其他计算机系统共享资源。

根据上述定义,以一台计算机为中心的在线系统不能被称为网络本身,因为在当时,终端没有"独立功能"。

2. 计算机网络的功能

当今,计算机网络的使用已经普及到社会的各个领域,与人们的日常生活密不可分。无论是朋友之间的即时通信、网络和娱乐、设备之间共享打印机和文件、电子银行、网上购物还是在线计算和集群,这些方面都与计算机和计算机网络有关。计算机网络的功能可以概括为以下几点。

(1)数据通信。数据通信是利用计算机网络在位于不同地理位置的计算机之间传输数据。它是计算机网络的一个基本功能,也是执行其他功能的基础。长途用户可以相互发送信息,相互交流,共同工作。例如,网络可以用来发送和接收电子邮件和传真,发送和接收即时信息,进行网络通话,举行视频会议等。

---

❶ 李旭晴,阎丽欣,王叶. 计算机网络与云计算技术及应用 [M]. 北京:中国原子能出版社,2020.

（2）资源共享。资源共享是计算机网络的一个非常重要的特征，资源共享是任何计算机网络设计的主要目标，也是计算机网络创建和发展的驱动力之一。

网络上共享的资源一共包含三大类：硬件资源共享、软件资源共享及数据资源共享。

①硬件资源共享。使设备得到更有效的利用，并避免对网络打印机和大容量磁盘共享等设备的重复投资。

②软件资源共享。现有的信息资源可以得到充分的利用，并且可以减少购置或开发新软件的需要，从而降低成本，提高效率。

③数据资源共享。信息资源可以通过网络共享，这提高了信息的利用率，是资源共享的最重要形式。

（3）网络中有几个子系统，当一个系统过载时，其他子系统可以接管一些处理任务，进行分布式处理，减少负荷并分配处理能力。例如，网格计算和集群。网络也促进了分布式数据库的发展，如遍布全国的银行数据库系统。

（4）负载平衡是将工作相对平等地分配给网络上的许多计算机。当一台计算机过载时，系统会自动将部分工作转移到负载较少的计算机上。网络调度能智能地分配计算机资源，提高系统的整体利用率。

（5）网络中计算机的相互连接增加了系统的可靠性，允许网络中的其他计算机被检测到并在发生故障时代替它们采取行动。当然，数据和其他资源也可以放在不同地方的计算机上，以避免用户出现单点故障。

（6）网络技术的发展和使用对现代办公和商业管理产生了重大影响。当今，许多公司已经采用了管理信息系统（MIS）、企业资源规划（ERP）等集中管理。许多大学还建立了互联网数据中心（IDC）。

（7）网络可以提供更广泛的服务和应用，如文件和图像的传输，声音、动画和其他数据的处理和传输，这是独立系统无法提供的。

（二）计算机网络的组成与分类

1. 计算机网络的组成

计算机网络是一个非常复杂的系统。网络的构成因范围、目的、规模、结构和使用的技术而有所不同，但所有计算机网络必须有两个主要组成部分：硬件和软件。网络硬件为处理数据、传输数据和创建通信渠道提供物理基础，而网络软件则实际控制数据传输。软件的各种网络功能是基于要实现的硬件，缺少哪一项都不能够进行下面的程序。计算机网络的基本组成部分包括以下四个主要元素，通常被称为计算机网络的四要素。

（1）计算机系统。计算机网络的第一部分是建立两个或多个独立运行的计算机系统。计算机系统是计算机网络的一个重要组成部分，是计算机网络的一个重要硬件组成部分。连接到计算机网络的计算机包括主机、小型计算机、工作站和微型计算机，以及笔记本电脑和其他终端设备（如终端服务器）。

计算机系统是网络的基本模块，是要连接的目标。计算机系统的主要功能是收集、处理、存储、分配和提供数据和信息的公共资源。

（2）通信线路和通信设备。计算机网络的物理部分不仅包括计算机本身，还包括用于连接这些计算机的通信线路和设备，即通信系统。通信线路可分为有线和无线通信链路。有线通信链路是指传输介质，如光纤、同轴电缆、双绞线及其相互连接的组件。通信设备是指网络互联设备，如网卡、集线器、中继器、交换机、网桥和路由器，以及通信设备，如调制解调器。通信线路和设备将计算机连接在一起，为数据通信创建物理通道。通信线路和设备进行信号转换、路径选择、编码和解码、错误检查和传输控制，以控制数据的传输和接收。通信线路和设备是计算机系统之间的桥梁和通信渠道。

（3）网络协议。网络协议是双方必须共同遵守的通信规则，如 TCP/IP 协议、NetBEUI 协议和 IPX/SPX 协议。它是沟通各方之间关于如何沟通的协议。例如，信息以何种形式表达、组织和交流，如何检查和纠正交流中的错误，以及使用何种组织和时间控制机制来控制信息的交流。现代网络具有分层结构，协议规定了分层的原则、各层之间的关系、信息传输的方向、解码和重新排序以及其他做法。在网络中通信的双方必须遵循相同的协议才能正确交换信息。就像人们如果说的是不同的语言，就会出现相互无法理解对方在说什么的问题，使得沟通无法进行。因此，计算机网络中协议的重要性不容低估。

一般来说，协议的实施是单独进行或与软件和硬件一起进行的，其中有些部分由连接的设备管理。

（4）网络软件。

①网络系统软件。网络操作系统软件是控制和管理网络操作的网络软件，提供网络通信，并分配和管理共享资源。它包括网络操作系统、网络协议软件、流量控制软件和管理软件。

网络操作系统（NOS）是一个在局域网上结合调度和资源管理的应用程序。它是主要的网络软件应用，是网络软件系统的基础。

网络协议软件（如 TCP/IP 协议软件）是实现各种网络协议的软件，是网络软件的核心，因为所有的网络软件只能在协议软件的基础上存在。它是网络软件的核心。

②网络应用软件。网络应用软件是为特定应用而开发的网络软件（如远程教育软件、电子图书馆软件、互联网信息服务软件等）。网络应用软件主要使用户能够访问网络，共享资源和传输信息。

2．计算机网络的分类

目前，还没有普遍接受的分类方法或标准来对信息网络进行分类，因为它们非常复杂，但可以从许多不同的角度进行分类。

（1）按网络的传输技术分类。按使用的传输技术对网络进行分类是一个重要的方法，因为网络使用的传输技术决定了网络最重要的技术特征。在通信技术中，有两种通信渠道：广播和点对点。因此，相应的计算机网络也可以分为两类：广播式网络和点对点式网络。

①广播式网络。在这种网络结构中，所有节点都连接到一个单一的通道。网络中的所有其他节点都可以接收网络中每个节点发送的信息，但只有目的地地址是该地点地址的信息才会被该节点接收，否则会被忽略。这个网络支持共享，并具有访问控制信息。

②点对点式网络。在这种网络结构中，数据网络中每个通道的两端都由一对网络节点连接；如果两个网络节点之间没有直接通道，它们之间的通信必须通过其他节点间接完成。当一个消息通过一个中间节点时，它首先被接收并存储在该节点，如果其输出线上有空间，则转发给下一个节点。

（2）按网络的使用范围分类。计算机网络由数据传输和交换系统组成，根据网络中数据传输和交换系统的拥有者，网络范围主要有两种：一种是公用网，另一种是专用网。

①公用网。公共网络可以由公共机构或公司投资、拥有和运营。公共网络是一个向用户提供公共电信服务的计算机网络。网络传输和交换设备可以租给任何部门或单位，使大量的计算机和终端能够连接到网络。

②专用网。一个组织可以建立、拥有和运营一个私人网络，用于在组织内传输信息和共享资源。一些专用网络有自己的架构，专门用于某个特定领域，其他部门和单位无法进入。然而今天，大多数私人网络仍然是由电信业租用的传输线或通道。外部用户的访问在私人网络上通常会受到严格限制。例如，军事和银行网络都是私人网络。

（3）按网络的覆盖范围分类。根据信息网络覆盖的地理区域进行分类，可以很好地了解不同网络类型的技术特点。由于网络覆盖不同的地理区域，所使用的传输技术也不同，从而导致不同的技术特点和网络服务功能。计算机网络可根据其地理覆盖范围的大小分为广域网、局域网和城域网。

①广域网。广域网（Wide Area Network）是一个能够在广泛的地理区域内传输数据、语音和视频信号的通信网络。一个广域网通常涉及数千或数万台计算机和不同类型的网络，提供广泛的网络服务。

广域网（WANs）自 20 世纪 60 年代以来一直在发展。一个典型的代表是美国国防部的 ARPA 网络，互联网就是最大的广域网。中国公共网络 CHINANET、国家公共信息和通信网（也称为金桥网）CHINAGBN 和中国教育和研究计算机网 CERNET 都是广域网。

②局域网。局域网（LAN）覆盖的范围很小，从几分米到几千米不等，数据传输距离通常小于 10 公里。传输速率从 0.1 到 1000 Mbit/s，响应时间约为 100 微秒。本地网络的特点是易于安装和使用灵活。

随着信息和通信技术以及电子集成技术的发展，现在本地网络可以覆盖几十公里的距离，传输速度达到几千兆比特，如以太网。

根据所使用的技术、范围和协议标准，本地网络可分为共享的本地网络和交换的本地网络。本地网络正在迅速发展，并被越来越多地区所使用，目前是计算机网络中最活跃的分支。

③城域网。城域网（MAN）是广域网和局域网之间的一个高速网络。城域网旨在满足半径数十公里内的多家公司、组织和社区之间的多个局域网的互联需求，以便在多个用户之间传输一系列的 IT 功能，如数据、语音、图形和视频。

（4）按网络的交换方式分类。根据网络的交换方式分类为电路交换网、报文交换网、分组交换网和混合交换网。

①电路交换网。电路交换方法要求在用户启动通信之前，从发送方到接收方请求一个物理信道，并且这个信道要在双方通信期间保留。

交换的概念来自电话系统。电路交换用于电话网络，目的是用于电路接口。具体过程是：当用户拨打电话时，他首先拿起电话并拨打一个号码。在通话结束时，交换机就会知道用户想和谁通话。然后，交换机将两边的线路连接起来，通话开始。在呼叫结束时，交换机断开呼叫者的连接，并为他们开始新的呼叫做准备。因此，电路切换包括在呼叫时创建一个电路，并在呼叫结束时删除它。对于交换系统来说，双方在通话过程中是否传输信息以及传输什么信息都无关紧要。

②报文交换网。信息交换方式在一个完整的信息中包含要发送的信息和目的地地址，长度不限。信息交换采用存储和转发原则，每个中间节点为信息选择适当的路径到达最终目的地。

③分组交换网。在分组交换中，要发送的数据在传输前被分成相等的单位（即组），每个中间节点使用"存储和转发"方法一次发送这些组，以便它们到达目的地。由于其长度有限，数据包比消息更容易在中继节点的机器内存中存储和处理，其路由速度也大大增加。

④混合交换网。混合交换主要由两种形式组成，分别是使用电路和分组交换。混合交换使用时分复用技术，在两种交换方式之间以适当的比例动态分配宽带网络，以获得最大的利益。

（5）按网络的控制方式分类。按照网络的控制方式来分类，计算机网络可分为集中式计算机网络、分散式计算机网络和分布式计算机网络。

①集中式计算机网络。集中式计算机网络的处理和控制功能高度集中在一个或几个节点上，这些节点是网络的处理和控制中心，所有的数据流都必须经过这些节点的其中之一。其他大多数节点的处理和控制功能较少。明星网和教育网是典型的集中式网络。

②分散式计算机网络。分散式计算机网络在各个计算机之间是独立自主的，其特点是它的一些集线器或复用器具有交换功能，网络结构是星形和网状的混合。很明显，分散式网络的可靠性得到了提高。其结构如图 1-1 所示。

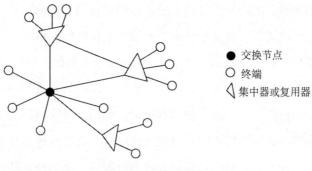

● 交换节点
○ 终端
◁ 集中器或复用器

图 1-1 分散式结构

③分布式计算机网络。分布式数据网络没有处理和控制中心，但网络中的每个节点至少与其他两个节点相连，这就是为什么分布式网络也被称为网状网络（分组交换网络，网状网络是分布式网络）。这就是网络演进的方向。

分布式信息网络的特点是：信息从一个节点到另一个节点可以有多条路径，但网络中的所有节点都在平等的基础上运作并相互交换信息，可以共同完成一项重要任务。这种网络的优势在于其高安全性、可扩展性和灵活性。

今天的核心广域网大多采用分散管理和高数据速率来提高网络性能，而许多非核心网络仍然采用集中管理和低数据速率来降低网络建设成本。

（6）按网络的拓扑结构分类。网络中节点的连接方法和形式构成了网络拓扑结构。网络拓扑结构有不同的类型，主要分为总线型、星型、环型、树型、完全互连型、网络型和不规则拓扑。根据网络拓扑结构，网络可以分为总线网络、星形网络、环形网络、树形网络、网状网络、混合网络和不规则网络。

（三）计算机网络的拓扑结构

为了管理网络设计的复杂性，我们引入了网络拓扑结构的概念。网络拓扑结构是计算机网络的一个基本属性，它描述了网络设备之间的几何关系。在考虑一个网络的拓扑结构时，首先必须考虑其逻辑拓扑结构。

拓扑设计是构建计算机网络的第一步，是实施各种网络协议的基础，直接关系到网络性能、系统可靠性和通信成本。

1. 总线型拓扑结构

总线型拓扑结构使用一条通信线（总线）作为共同的传输路径，所有节点通过各自的接口直接连接到总线上，并通过总线传输数据。例如，组成网络的计算机和其他共享设备（如打印机）是由一根电缆连接的，如图1-2所示。由于电缆只支持一个通道，连接到电缆的计算机和其他共享设备使用电缆的全部容量。连接到总线的设备越多，网络的数据传输和接收速度就越慢。

基于总线的拓扑结构使用广播传输技术，总线上的所有节点都可以向总线发送数据，数据沿着总线中转。然而，每次只有一个站可以发送数据，因为所有节点都共享同一个信道。当一个节点发送数据并沿着总线传输时，总线上的其他节点都能接收到它。每个接收数据的节点可以分析物理目的地地址，并决定是否接受数据。带有粗细同轴电缆的以太网是这种结构的一个典型例子。

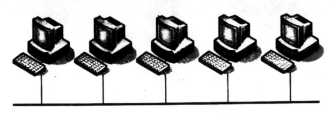

图1-2　总线型拓扑结构

总线拓扑结构具有以下特点：

（1）结构简单灵活，易于开发；分布性强，易于推广。

（2）网络的响应时间很快，但在高负荷下性能迅速下降；现场的局部故障不会影响整个系统，可靠性很高。然而，总线故障会影响整个网络。

（3）易于安装和经济。

2. 星型拓扑结构

如图 1-3 所示，星型拓扑结构中的每个节点都通过点对点链接连接到一个中心节点（一个常见的中央交换设备：如交换机、集线器等）。如果星型拓扑结构中的一个节点向另一个节点发送数据，它首先将数据发送到中心设备，然后由中心设备将数据发送到目的节点。数据传输是通过中心节点的存储和传输技术进行的，中心节点只能通过中心节点与其他节点通信。星型拓扑结构是局域网中最常用的拓扑结构。

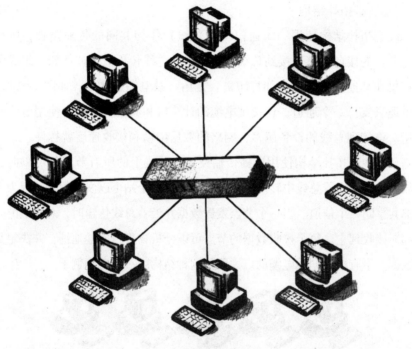

图 1-3　星型拓扑结构

星型拓扑结构具有如下特点：

（1）设计简单，易于管理和维护；易于搭建结构化布线；易于扩展和升级结构。

（2）固定电信线路和高额电缆费用。

（3）中心节点控制和操作枢纽和辐条网络，其可靠性基本决定了整个网络的可靠性。

（4）中心节点在运行的过程中承担的任务是非常繁重的，那么就会导致很多数据在进行输送的过程中遇到麻烦；中心节点如果出现了问题，那就会让整个网络陷入停顿。

3. 环型拓扑结构

环型拓扑是各个网络节点通过环接口连接成一条首尾相接的闭合环型通信线路，如图1-4所示。

图1-4 环形拓扑结构

可以这样说，在节点单元中能够进行相应的连接，但是只能连接相邻的一个或者两个。如果在网络中需要建立一定的节点通信，就需要在两个通信节点中间利用数据进行传输，并且会经过每一个单元。对于环形拓扑结构而言可以是朝着一个方向进行递进，或者是两方面都可以。如果在单向环网中，数据需要朝着一个方向进行传递，能够在每一个接收数据点上接收到有用的信息，重新生成并验证数据，然后将其转发给目的节点。在双向环形网络中，数据可以向任何一个方向发送，允许设备与两个相邻的节点直接通信。如果环在一个方向上断裂，数据仍然可以从环的相反方向发送，并到达目的地节点。

环形拓扑结构有两种类型：单环形拓扑结构和双环形拓扑结构。令牌环是一种典型的单环结构，而光纤分布式数据接口（FDDI）则是一种典型的双环结构。

环形拓扑结构具有以下特点：

（1）在环形网络中，工作站之间不存在主从关系，设计简单；数据流沿环形网络单向传输，延迟固定，实时性能提高。

（2）两个节点之间只有一条路径，这有利于路径选择，但妨碍了扩展性。

（3）可靠性较弱，如果一条线路或者是任何一个节点出现问题，就可能会导致整个网络处于一个停滞的状态，将很难在进入下一个阶段，并且无法做到一个合理保障。

4. 树型拓扑结构

树型拓扑（也称为星型总线拓扑结构）由总线型和星型结构演变而来。网络中的节点设备都连接到一个中央设备（如集线器）上，但并不是所有的节点都直接连接到中央设备，大多数的节点首先连接到一个次级设备，次级设备再与中央设备连接，如图 1-5 所示。

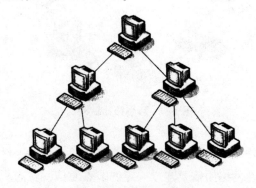

图 1-5　树型拓扑网络

树形拓扑结构来自总线拓扑结构，它由多条总线连接，如图 1-6（a）所示，还有星形拓扑结构的变种，其中节点以特定的层次连接，如图 1-6（b）所示，这就是为什么它被称为树型拓扑结构。树状拓扑结构的顶点是根节点，每个节点可以支持进一步的子分支。

树型拓扑结构具有如下特点：

（1）易于扩展，故障易隔离，可靠性高，电缆成本高。

（2）树型拓扑结构对于根节点有着较强的依赖性，因此在这个过程中如果出现了任何问题，整个网络系统将停止运作。

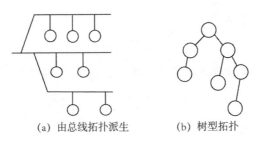

(a) 由总线拓扑派生　　(b) 树型拓扑

图1-6　树型拓扑结构

5. 网状拓扑结构

网络拓扑结构是指网络中各个节点之间的连接，或者是不规则的通信线路，每个节点至少与其他两个节点相连。网络结构又分为两种形式：完全连接的网络结构和不完全连接的网络结构，如图1-7所示。当今，宽带网络普遍采用不完全连接的网络结构。

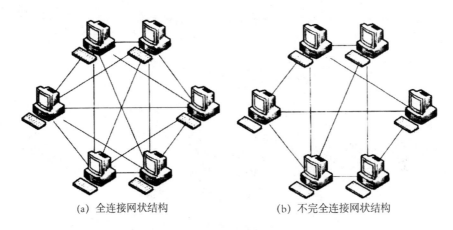

(a) 全连接网状结构　　　　　(b) 不完全连接网状结构

图1-7　网状拓扑结构

网状拓扑结构具有如下特点：

（1）信赖度比较高；整体的结构相对比较复杂，所以在进行维护以及管理的时候就比较复杂；整体的线路成本比较贵；能够用于大型的广域网的范围。

（2）因为网状拓扑结构整体有很多路径可以进行选择，所以能够选择最适合自己的路径，从而高效地进行工作，减少不必要的时间浪费，不仅如此还可以将流量进行合理的分配，不断增强网络的主要性能，但是这也表明在选择路径的时候变得困难一些。

6. 混合型拓扑结构

将两种单一拓扑结构类型混合起来，综合两种拓扑结构的优点可以构成一种混合型拓扑结构。常见的有星状/环状拓扑（图1-8）和星状/总线型拓扑（图1-9）。

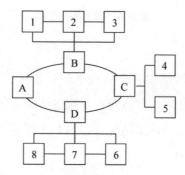

图1-8　星状/环状混合型拓扑结构

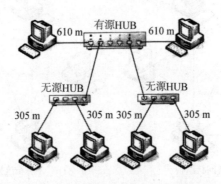

图1-9　星状/总线型混合型拓扑结构

星形/环形拓扑结构的电路与普通的环形结构相同，只是在物理上被安排为星形连接。星形/环形拓扑结构易于诊断和隔离，网络易于扩展，电缆易于铺设。这种拓扑结构的配置包括接入环中的一排采集器和从采集器到各个用户站点的星形连接。

星形/低音拓扑结构是指几组单元连接到一条或多条总线上，每组连接的单元本身呈星形分布。

星形/半球形拓扑结构使用户能够轻松配置网络设备。混合拓扑结构的特点包括：

（1）更容易诊断和隔离故障。在发生网络故障时，第一步是确定哪个集线器出现故障，然后将其与网络的其他部分隔离。

（2）允许其扩展。如果你想扩大用户数量，你可以添加新的集线器，然后在每个集线器上留下可以添加新节点的端口。

（3）易于安装。网线只需连接到这些集线器上，在安装过程中不存在线缆管理问题。安装方式与传统电话系统中的电缆非常相似。

（4）需要一个智能集线器，用于自动诊断网络故障和隔离故障节点。

（5）集线器和各个站之间的电缆安装表现为星形拓扑结构，这有时会增加电缆安装的长度。

7．蜂窝状拓扑结构

蜂窝状拓扑结构作为一种无线网络拓扑结构，结合了点对点和点对多点的无线策略，将一个地理区域划分为多个小区，每个小区代表整个网络的一部分，某些设备连接在该区域，小区里的设备与中央节点或枢纽进行通信。一旦节点被连接起来，数据就可以扩展到整个网络，从而形成一个完整的网络结构。随着无线网络的快速发展，蜂窝状拓扑结构现在已经很普遍了，如图1-10所示。

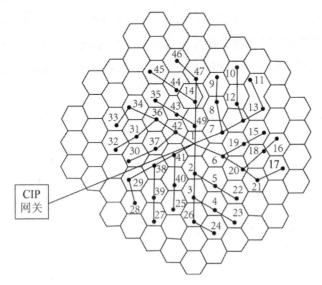

图1-10　蜂窝状拓扑结构

蜂窝状拓扑结构具有如下特点：

（1）它不依靠相互连接的电缆，而是依靠无线传输介质，避免了传统电缆的限制，为移动设备提供了便利的环境，并能在一些电缆不实用的地方实现数据传输。

（2）蜂窝状拓扑结构中的网络安全相对简单，节点移动时电缆不必改道，故障排除和隔离相对简单，易于维护。

（3）容易受外界环境的干扰。

（四）未来网络技术的发展趋势

近年来，移动、宽带和 IP 数据技术已成为全球通信行业中增长最快的领域之一。整个通信行业的发展与宽带、移动、IP 和网络融合的趋势相一致。

1. 宽带化

用户访问的宽带连接将是一个关键的需求，因为用户需要广泛的服务，包括数据服务、IPTV 服务、互动游戏和视频电话。根据《中国宽带价格状况报告》（第 26 期），根据相关部门的用户带宽预测我国固定宽带网络平均下载速率达到 62.55Mbit/s，比 2020 年同期提高了 9.2Mbit/s，年度同比提升幅度达 17.2%；我国移动宽带用户使用 4G 和 5G 网络访问互联网时的综合平均下载速率达 59.34Mbit/s，比 2020 年同期提高了 25.57Mbit/s，年度同比提升幅度达 75.7%。相关数据情况表明，近几年我国将千兆光网以及 5G 网络建设进行强烈推行，使得每一位进行宽带体验的人员都能够体会网络速度的快速提升，获得了不小的赞叹。❶

2. 移动化

自从国际通信服务发展以来，用户对个人通信的需求越来越大，而移动性是表达个人通信的一个很好的方式。因此，用户对通信服务中的移动性要求越来越频繁。用户希望得到无处不在的通信，不仅是移动服务，而且是实现移动性的数据服务，他们希望方便地访问互联网，在任何地方上网，发送电子邮件和其他形式的通信。

---

❶ 资料来源：宽带发展联盟：2021 年第四季度我国宽带网速 62.55Mbit/s，同比提升 17.2%. 央广网，2022.

移动性是指用户可以在网络的覆盖范围内，在移动中自由交流，而游牧性是指他们不一定要在移动中交流，而是像牧羊人那样从这片土地迁移到另外的一片土地上，可以通过不同的方式进行合理的通信，那么这些内容都是关乎着通信技术的先决条件。

3. IP 化

下一代运营商网络将采用 IP 技术，已经成为大多数人的共识，现在不仅电信活动将在 IP 上开放，而且语音活动也将在 IP 上越来越开放。目前，在中国，使用 VoIP 的长途活动量已经超过了传统的电路交换语音活动，受益于互联网网上免费语音流量的 MSN 和 Skype 用户数量正在迅速增长。目前，一些国际标准化组织，如 ITU、3GPP 和 TISPAN 已经决定探索基于 IP 的下一代网络或下一代移动网络。

4. 网络融合

网络融合已经成为下一代网络发展的一个趋势。从广义上讲，网络融合包括固定和移动网络的融合以及三个网络的融合：电信网络、计算机网络和传输网络。融合的第一个目标是让用户通过不同的接入方式或终端设备无缝接入网络，使用每个网络能够提供服务，并提供给最终用户。一个融合的网络更容易维护和管理。因此，融合是通信业的一个重要发展方向。❶

二、云计算基础理论

（一）云计算的出现

人类的需求推动了技术的变革，在过去的几十年中，计算机的大型机、个人计算机和超级计算机得到了发展，人们对计算速度的需求越来越大，对存储容量的需求也是如此。互联网时代的浏览器—服务器模式已经使人们远离了互联网。互联网时代的浏览器—服务器模式使人们摆脱了单一计算机的容量和存储空间的限制。在一个信息大规模生产和消费的时代，人们对方便有效地获取信息的需求越来越大，而提供这些信息服务对大规模存储和计算能力的需求也

---

❶ 李旭晴，阎丽欣，王叶. 计算机网络与云计算技术及应用 ［M］. 北京:中国原子能出版社，2020.

推动了计算机模型和技术的发展。在过去，信息技术的发展不仅要求公司购买硬件和其他基础设施来建立信息系统，还要求购买应用软件和安排熟练的 IT 人员来维护它。同时，随着公司的发展，各种硬件、软件和其他设备也在不断更新。对于公司来说，用于建立信息技术的硬件和软件设备只是为了业务发展和提高效率。哪些人类工具的应用可以满足人们的需求？这一需求导致了云计算的出现。云计算，顾名思义，像云一样飘浮在空中，人们用敬畏的目光看着它。就像工业上从蒸汽动力到电力的过渡，对普通人来说是不可想象的，但却是一股不可阻挡的力量，渗透人们的生活中，所以云计算正在给人类社会带来巨大的变化。它通过提高个人生产力、促进协作、为数据驱动的决策提供更好的洞察力，以及开发和连接应用程序，帮助企业提高效率、降低成本和促进增长。云计算是将计算、服务和存储资源作为一种服务提供给用户的过程。这种分布式基础设施的新方法针对的是分布式环境，其中存储、计算和网络服务的提供是问题的核心。

它是提高社会生产力和促进社会信息化发展的信息技术改造。经过几十年的 IT 发展，从 20 世纪 80 年代开始至今，IT 问题已经不能用孤立的系统来解决，这就是网格计算的演变。在 20 世纪 90 年代，虚拟化技术从虚拟服务器扩展到更高层次：虚拟平台、虚拟应用程序等。云计算的诞生和发展源于人类对数据存储的需求、对海量数据分析的需求以及基于互联网计算技术的不断发展，为用户提供计算、服务和存储资源。

到 21 世纪，云计算技术更是得到了进一步的发展。许多企业以此技术为基础，在满足人们需求的同时，发展一系列特色技术。总而言之，云计算是网格计算、虚拟化、分布式计算和并行计算的演变。它是一种基于互联网的超级计算模式，在计算的发展过程中已经达到一定的阶段，并通过商业手段在社会中表现出来。❶

（二）云计算的定义

云计算的概念非常广泛，其主要组成部分分为四种：

---

❶ 戴红，曹梅，连国华. 云计算技术应用与数据管理 ［M］. 广州:广东世界图书出版有限公司，2019.

首先，维基百科将云计算定义为将计算功能作为一种服务提供给用户，允许用户在不知道用于提供服务的技术、不了解技术或无法使用硬件的情况下，通过互联网获取他们所需的服务。

其次，中国云计算网将云计算定义为，分布式计算、并行计算、网格计算或这些科学概念的商业实现的演变。

再次，《伯克利云计算白皮书》将云计算定义为一套由互联网上的不同服务以及提供这些服务的数据中心硬件和软件组成的整体应用。

最后，美国技术标准化机构 NIST 将云计算定义为一种资源访问模式，通过网络提供一套按需、可配置和易于使用的计算资源，在这里可以快速提供服务，而且管理负担最小。

一般来说，云计算的概念可以分为两类。狭义的云计算是指服务提供商利用分布式计算和虚拟化技术建立数据中心或超级计算机，然后将其出租给客户，以提供存储和计算能力。云计算一般被定义为服务提供商通过建立服务器集群为不同的客户提供不同类型的服务，用于软件、硬件、存储和网络计算。许多概念在一个或多个方面进行了描述，这些都是不完整的，但从上述定义中可以总结出，云计算是一种计算形式，是一种基于虚拟技术的服务模式，它以互联网为媒介，规模化地使用，并根据用户的要求通过动态虚拟化提供可调整的资源分配形式。云是一种动态可调的虚拟化服务资源，包括服务器、存储、网络和应用软件资源。内核是资源池，应用客户通过互联网发送服务请求，远程云服务可以返回客户要求的应用数据和其他资源，客户不需要做任何事情，所有的处理都在云服务中完成。这种计算分布式网络化应用的方法类似于过去水和电的交付方式：能够让人们非常便利的享受计算与储存方面的福利，就像是日常缴纳水电费一样方便。

（三）云计算的重点技术

云计算主要是通过分布式、并行以及网格计算进行发展的过程，其基本原理是将处理过程分配给大量分布式计算机；数据中心的功能类似于互联网，因此，用户只需要访问他们需要的业务系统，而不必担心各种备份资源。云计算涉及许多复杂的技术，其中最关键的是编程模型、数据管理、数据存储、虚拟化和云平台管理技术。该编程模型是分布式调度和高效任务规划的简化模型。在早期的信息系统中，并行执行是一种比较常见的调度模式，以利用多任务操作系统，例如，使用多线程和多处理技术来提高计算能力。对于云计算来说，一个高效合理的调度模型对于云计算系统中单个应用的发展非常重要。它是一个高效的任务调度模型，可以准确地处理大型数据集。其功能可用于在命令执行期间将数据分割成非必要的模块区域，然后总结数据处理的结果，以完成应用开发并将其分配给计算机进行并行处理。在这种编程模式下，程序员只需专注于程序本身，不必考虑复杂的并行计算过程和后台任务的调度。

分布式存储云计算系统，必须提供高处理和存储能力，且必须关注大量的用户。因此，分布式存储被用来存储大量的数据，并通过冗余存储确保数据安全。对于数据存储技术来说，可靠性、输入/输出能力和可扩展性是关键的技术指标。信息系统的传统数据存储方式主要是直接访问存储、网络存储和局域网。在可靠性、I/O 吞吐量和可扩展性方面，直接访问存储依赖于服务器操作系统进行读/写 I/O 管理和存储维护，这不符合大规模信息系统的性能要求。网络附加存储和本地存储网络的基本策略是将数据与服务器分离，使用中央管理硬件，这相当于将数据处理与数据分离。它采用简单的存储设备模型，在满足日常应用安全后，提高存储的运行性能，在大量客户端的分布式数据处理中，减少每个客户端的处理压力，保证数据的存储需求，使 I/O 中的数据处理不会成为系统运行的瓶颈。

云计算系统存储了非常大量的数据，因此必须有处理大量数据的能力。在数据管理技术中，处理大量的数据是用户的主要关切。数据管理系统必须高效、高度容错并能在异质网络环境中运行。目前的 IT 架构主要采用集中式数据管理，同时利用技术手段来提高系统的运行性能，如数据缓存、索引和数据分区，将任务分配给各组服务器，从而降低数据库服务器的负荷，使整个系统更好地运行。在云计算平台上，需要建立数据表结构，采用基于列式存储的分布式数据管理模式，将数据分布在大量的同质节点上，将处理负载均匀地分布在每个节点上，提高数据库系统的性能，从而满足海量数据管理、高并发和极短响应时间的要求。

云计算系统最重要的组成部分之一是虚拟化技术，这是全面整合和有效利用不同计算和存储资源的关键技术。虚拟化技术实现了软件应用程序和底层硬件的隔离，包括一个分区模型和一个集合模型，前者是将单个资源划分为多个虚拟资源，后者是将多个资源合并为一个虚拟资源。虚拟化技术根据预期用途分为存储虚拟化、技术虚拟化和网络虚拟化。计算机虚拟化可分为系统级虚拟化、应用级虚拟化和桌面级虚拟化。虚拟化技术能够对系统资源进行逻辑抽象和统一标记，并将计算资源整合到一个或多个操作环境中，为更高层次的云计算应用提供基础设施。通过虚拟机，我们可以降低云服务器集群的功耗，将多个负责的虚拟计算节点合并到一个物理节点中，以提高资源利用率，并通过动态移动虚拟机到不同的物理节点来实现应用工作负载的平衡。虚拟化技术确保了应用程序和服务之间的无缝连接，并能进入一个隔离和可靠的计算环境。

云计算平台很大，有许多安装方式，甚至在不同地区运行着成千上万的应用程序。云计算平台管理技术能够协调大量的服务器，加快应用程序的部署和发布，及早发现和解决系统故障，并以自动和智能的方式确保大规模系统运行的可靠性和安全性。❶

第二节　网络协议与网络体系结构

一、网络协议

在拥有大量不同计算机系统、配备不同硬件和软件的网络中，为计算机网络上的资源共享和信息交换定义一个统一的规范是很重要的，否则信息就无法理解，或者计算机根本无法连接。

（一）网络协议的由来

设备包括各种应用程序、文件传输软件、数据库管理系统和电子邮件系

---

❶ 戴红，曹梅，连国华. 云计算技术应用与数据管理［M］. 广州:广东世界图书出版有限公司，2019.

统，包括计算机、终端和各种设备等。一般来说，设备是能够发送和接收信息的个体，而系统是由一个或多个设备组成的物理上独立的物体。两个实体要相互通信，必须使用相同的语言，而且他们通信的内容、方式和时间必须符合有关实体之间某些共同接受的规则，这种规则通常称为协议。因此，为在网络上交换信息而制定的规则、标准或协议被称为网络协议。

（二）网络协议的要素

为了在设备之间进行通信，必须有一个协议（一套管理数据传输的规则）。这种网络协议定义了什么是通信，如何发生以及何时发生。一个网络协议由三个要素组成。

（1）语法。语法是指数据的结构或格式，数据的呈现顺序，包括数据和控制数据的结构或格式。

（2）语义。语义指的是位流的每一部分的含义，它包含用于协调同步和错误处理的控制信息。

（3）时序。时间性包括两个属性：信息发送的时间和信息发送的速度。它包括速度控制和要执行的事件顺序的细节等。

二、网络体系结构

（一）网络体系结构定义及层次模型

1. 网络体系结构的定义

计算机网络的各层以及各层使用的协议构成了网络架构。更确切地说，网络架构是对计算机网络必须具有的层数和每层必须提供的功能的精确定义。如何实现这些功能并不是网络架构的一部分。换句话说，网络结构只描述了计算机网络在层次和功能方面的结构，并不包括每个硬件和软件层的构成，更不包括该硬件和软件的实现。这表明网络架构是抽象的，是基于精确定义的书面描述。而用于执行指定功能的硬件和软件的具体实现并不在网络架构的范围内。不同的方法论可以用于同一个网络架构，来设计完全不同的硬件和软件，在适当的层面提供完全相同的功能和接口。

网络系统的层次结构通过对计算机网络所执行的功能进行结构化和模块

化，将高层功能划分为一系列相对独立的子功能层，不同子功能层之间有机联系，低层为高层提供必要的功能服务，从而降低了系统设计和实施的难度。

2. 网络层次结构模型的原则

每个子层都独立于其他子层，每个层的实施技术的变化不会影响其他层，这使实施和维护很容易，促进了标准化，有利于网络协议的设计和实施。计算机网络分层模型需要基于以下的网络分层实施原则：

（1）对每个功能的抽象应逐层进行，每层提供的功能和服务应明确定义。

（2）每层功能的选择应有利于标准化。

（3）不同的系统被分散到相同的级别，同级别的系统具有相同的功能。

（4）在这个过程中上下层级之间互相作用，当上一层级去进行下面一个层级的服务过程中，下面层级的服务在达成的过程中将无法得到一个有效显现。

（5）楼层的数量必须适当：太少的楼层没有明确的功能，太多的楼层有太多的建筑。

3. 分层模型的术语

如图 1-11 所示为计算机网络分层模型的示意图。这个模型将计算机网络中的每台计算机抽象为一系列的层，每层都执行相对独立的功能。

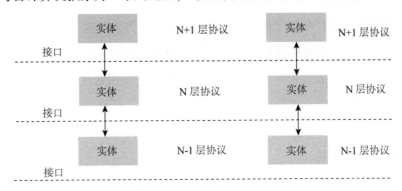

图 1-11 计算机网络分层模型示意图

分层模型涉及以下重要的术语。

（1）实体与对等实体：在每一层内，用于执行该层功能的活动元素被称为设备，包括该层上物理存在的所有硬件和软件，如终端、信息传递系统、应用程序、进程等。位于不同机器上的同一层并执行相同功能的设备被称为对等实体。

（2）协议：为了使两个同行实体能够有效地相互沟通，他们必须建立适当的规则或某种协议，说明交换什么信息以及如何交换。这些在同行之间交换信息或通信时遵循的规则或标准被称为协议。

（3）服务与接口：在网络层次结构模型中，每一层向相邻的更高层提供的功能被称为"服务"。N 层使用 N-1 层提供的服务，向 N+1 层提供更强大的服务。在使用 N-1 层提供的服务时，N 层不需要知道 N-1 层提供的服务是如何实现的，它只需要知道 N-1 层可以向自己提供哪些服务，以何种形式提供。N 层向 N+1 层提供的服务被称为"服务"，因为它们是由 N 层和 N+层提供的。1 层是通过 N 层和 N+1 层之间的接口实现的。这个接口定义了下一层提供给相邻上层的服务和原操作，并使下一层服务的实现细节对上层透明。

（4）服务类型：在计算机网络的协议层次中，一个服务和它所服务的层之间存在着单向的依赖关系，例如，下层向上层提供服务，上层从下层调用服务。因此，在两个相邻的层中，下层可以被称为服务提供者，上层可以被称为服务调用者。下层提供给上层的服务可以分为两类：面向连接的服务和未连接的服务。

①连接的服务。基于连接的服务是以电话系统为模型的。举一个简单的例子，当你想与某一位友人进行聊天交流时，你首先拿起电话，拨出号码，说话并挂断。与面向连接的服务类似，用户首先连接，使用连接，然后释放连接。在实践中，连接就像一个管道：发送方把东西放进管道的一端，接收方在另一端以同样的顺序把它们放出来。通常情况下，发送和接收的数据不仅顺序相同，而且内容也相同。

②未连接的服务。未连接的服务是基于邮政系统。每条信息（信件）都包含收件人的完整地址，每条信息都是沿着系统选择的路线独立传递。当两条信息被发送到同一个目的地时，先发送的信息通常会先到达。然而，也有可能第一条信息在途中被延迟，而下一条信息先被收到，这在基于连接的服务中是完全不可能的。

可靠性指标一般用于衡量不同类型服务的质量和特点。在计算机网络中，可靠性通常由确认重传机制来保证。大多数面向连接的服务支持确认重传机制，因此大多数面向连接的服务是可靠的。然而，由于与确认重传相关的额外开销和延迟，一些不需要高可靠性的面向连接的服务系统不支持确认重传，即它们提供不可靠的面向连接服务。

大多数非连接服务不支持确认重传机制，所以大多数非连接服务不是很可靠。然而，一些特定的未连接的服务确实支持确认，以提高可靠性。例如，电子邮件系统中的注册邮件和网络数据库系统中的请求—响应服务，其中响应信息既包含回复信息，也包含对请求信息的确认。断开的服务通常被称为数据报警服务，但有时数据报警服务只是指不可靠的断开的服务，虽然严格来说不是这样，但经常被使用，应该注意这种区别。

（5）服务原语：服务原语可划分为四类，分别是请求（Request）、指示（Indication）、响应（Response）、确认（Confirm）。由不同层发出的每条原语各自完成明确的功能，如表1-1所示。

表1-1 服务原语

原语	功能（含义）
请求	服务调用者请求服务提供者提供某种服务服务提供者告知请求内容
指示	服务调用者事件发生
响应	服务调用者通知服务提供者响应某事件
确认	服务提供者告知服务调用者关于它请求的答复

联系通知表明某个地方有人想要连接。收到连接通知的设备然后使用连接响应来表明它是否希望连接。然而，在这两种情况下，请求连接的一方可以通过收到连接确认来了解接收者的状态。

与架构密切相关的一个非常重要的问题是网络架构的标准化。一些世界领先的标准化组织在这方面做得很好，研究并制定了许多电信和计算机网络的国际标准。国际标准组织（ISO）的OSI参考模型、国际电信联盟（ITU）的X系列和V系列建议、电气和电子工程师协会（IEEE）的局域网IEEE 802协议标准以及美国电子工业协会（EIA）的 RS 系列标准都是著名的网络连接国际模型或标准。这些标准的制定对促进计算机和网络通信技术的使用与发展起到了积极作用。

（二）OSI 参考模型

数据在网络层被转换为数据包，并通过路由选择、流量、错误、排序和入站/出站路由等控制从物理链路的一端传输到另一端。它负责建立、维护和终止点对点的通信链接。网络层是 OSI 参考模型中最复杂的一层，因为它执行路由算法，为通信子网中的数据包选择最佳路由，并执行其他功能，如拥堵控制和网络互连。

在 OSI 参考模型中，当系统 A 的用户向系统 B 的用户发送数据时，系统 A 的用户首先向系统 A 的应用层发出命令，告诉它要发送的信息，应用层+应用层控制头数据是演示层，演示层+演示层控制头数据被发送到会话层，会话层+会话层控制头数据被发送到传输层。然后，数据信息到达数据链路层，再加上控制头和尾部信息，形成一个数据帧，最后被发送到物理层，物理层忽略信息的实际含义，将其作为比特流（0，1 编码）发送到物理通道（传输介质），系统 B 到达物理层。从物理层收到的比特流数据被发送到数据链路层，以便传输到上层。

（三）TCP/IP 参考模型

OSI 参考模型试图创造一种理想的情况，即世界上所有的计算机网络都可以根据一个统一的标准轻松地连接和交换数据。然而，由于 OSI 标准的开发周期长，实施复杂，而且 OSI 标准的层次结构毫无意义，在 20 世纪 90 年代初制定了一整套 OSI 标准，但由于互联网已经覆盖了世界上相当一部分地区，OSI 的网络结构国际标准没有使用不是国际标准的 TCP/IP 架构，而是被应用于互联网，因此被称为 TCP/IP，并成为事实上的国际标准。

TCP/IP 产生于 ARPANET，现在是互联网的通信协议，它成功地解决了不同网络互连困难的问题，实现了异质网络的互连 TCP/IP 不一定是指 TCP 和 IP 这两个具体的协议。而不是互联网或整个 TCP/IP 协议系列所使用的架构。

TCP/IP 参考模型也被分为若干层，每层负责不同的通信功能。然而，

TCP/IP 协议简化了分层装置（只有四层），从底层到网络接口层、网络层、传输层和应用层，如图 1-12 所示，由于 TCP/P 是一个前 OSI 参考模型产品，没有严格的层级对应关系，也就是说，TCP/IP 参考模型与 OSI 参考模型的物理层和数据链路层没有对应关系。

| 应用层 |
| 传输层 |
| 网络层 |
| 网络接口层 |

图 1-12 TCP/IP 参考模型

1. 网络接口层协议

TCP/IP 的网络接口层包括各种物理网络协议，如以太网、令牌环、帧中继、综合业务数字网（ISDN）、分组交换网 X.25 等，以及 IP 数据报。用作传输信道，被认为是属于网络接口层协议。

2. 网络层协议

它是整个架构的重要组成部分，其作用是允许主机向任何网络发送数据包，并允许数据包独立转发到目标主机（可能通过另一个网络）。这些数据包可能以与发送时不同的顺序到达。因此，数据包需要在高层次上进行分类，以确保正确发送和接收。

网络层由许多重要的协议组成，其中最重要的四个协议是互联网协议（IP）、互联网控制信息协议（ICMP）、地址解析协议（ARP）和反向地址解析协议（RARP）。

IP 是一个核心协议，其任务是将 IP 数据包发送到其目的地。网络层解决的主要问题是数据包转发和避免拥堵。

IP 是一个无连接的协议，意味着在通信的端点之间没有连续的线路连接。每个数据包都作为一个经过处理的独立单元在网络上传输，这些单元彼此之间没有联系。

ICMP 是 TCP/IP 协议家族的一个子协议，属于网络层协议，主要用于在主机和路由器之间传输控制信息。控制信息是关于网络本身的信息，如网络穿越或失败、主机可达性、路由的可用性等。当 IP 数据不能访问目的地时，当 IP 路由器不能以当前的传输速率转发数据包时，就会发送 ICMP 信息。Ping 命令允许发送 ICMP 请求信息并记录从 ICMP 收到的响应信息。这些信息在网络或主机发生故障时提供一个参考点。这些控制信息不传输用户数据，但在传输用户数据方面发挥着重要作用。

RARP 允许局域网上的主机通过 RARP 广播从 ARP 表或网关服务器缓存中请求其 IP 地址，并将其物理地址解析为逻辑地址。

网络管理员在局域网网关服务器上创建一个表，将物理地址映射到相应的 IP 地址。当一台新机器被安装时，它的 RARP 客户端必须从路由器的 RARP 服务器请求相应的 IP 地址。一旦在路由表上有了条目，RARP 服务器就会返回计算机的 IP 地址，这样在以后的使用过程中便能很快的进入状态。

3. 传输层协议

主要的传输层协议是传输控制协议（TCP）和用户数据报协议（UDP）。

TCP 是存在于 IP 层之上、应用层之下的中间层；它是一个面向连接的协议，有三次握手和一个滑动端口机制，以确保传输可靠性和流量控制。

UDP 也是 IP 层中应用层下面的一个中间层。它是一个无连接、不可靠的传输层协议，提供简单的面向交易、不可靠的消息服务。

4. 应用层协议

应用层包括一些应用和应用支持协议。常见的应用协议包括 HTTP（超文本传输协议）、SMTP（简单邮件传输协议）和 Telnet，而常见的应用支持协议则包括 DNS（网络服务器）、域名服务和 SNMP（简单网络管理协议）。

（四）OSI 参考模型和 TCP/IP 参考模型的异同点

1. 相似点

OSI 参考模型和 TCP/IP 参考模型有很多共同之处。两者都有相当的层次，都有网络层和传输层，都有应用层，在这个过程中两个参考模型都能够提供不一样的有效服务；两者都是基于协议数据设备的分组交换网络，作为概念模型和事实上的标准同样重要。

2. 不同点

OSI 参考模型和 TCP/IP 参考模型之间还有许多其他的区别。

（1）OSI 参考模型有七层，进行参考模型的只有四种，在这个过程中只有在网络层、传输层和应用层进行操作功能时都具有一样的功能，但是对于其他层级方面都存在着不同之处；TCP/IP 参考模型没有两个层级的内容：一个是表现层级，另一个就是会话层级，那么在进行传输表达数据的过程中，如何才能有效的进行数据传输呢？它们还是主要来源于应用层级。不仅如此，TCP/IP 参考模型还能够进行相应的统一传输网络接口层的传输，让整个的数据层以及物理链路层都能够包入其中。

（2）OSI 参考模型在整个网络层级的服务当中，主要包含了两个主要的内容：一个是来自无连接方式，另一个是面向链接方式。在传输层当中仅能进行一项工作项目，那就是面向连接的服务，但是 TCP/IP 参考模型却有着极大的不同，它不仅可以在网络层中进行无线连接的服务内容，最重要的就是可以在传输层的服务当中进行无连接以及面向连接两种层级的内容项目。

（3）TCP/IP 似乎更简单，因为它的层次更少。TCP/IP 的创建是为了将不同的异构网络互联起来，而 IP 协议是其重要组成部分。作为一个从互联网发展而来的协议，它已经成为网络连接的事实上的标准。然而，基于 OSI 参考模型的真实网络并不存在，只是作为一种理论参考模型被大家经常使用。

第三节 计算机网络安全技术研究

一、网络安全的应用领域

计算机网络安全十分关键，在当前的技术行业发展过程中属于持续性创新改善。针对很多服务系统来说，设立网络安全系统是非常关键的一个环节，部分规模较大的企业都有属于自身的、特殊的网络安全系统。特别是数据信息库比较大的时候，必须要维护计算机用户的个人信息安全，预防来自网络的威胁。除此之外，在日常生活和工作中，计算机必须要配置杀毒系统，利用防火墙来保障自身的隐私安全和自己的文件信息安全，从而保障计算机网络的平稳运行，这也属于网络安全的运用范围。在别的行业中，比如安保领域、硬件设计领域也包含许多网络安全问题，只要对自身发展存在危险的都需要保护，都要规划相应的网络安全措施，如此才可以确保日后工作的顺利进行。

二、计算机网络安全技术的影响因素

（一）计算机网络系统问题

随着目前社会发展的趋势，计算机网络体系自身出现的问题基本体现在以下几点。

（1）每一个用户都能够利用计算机网络来查阅信息，所以单位还有自身的隐私很可能被侵犯，而且保密工作出现的漏洞很大。

（2）计算机网络自身的体系会发生各种疏漏，包含硬软件、作用规划、程序缺陷还有设备操作不合理等现象，黑客还有别的入侵人员会研究整个计算机网络体系中的缺陷，接着寻找弱项同时找准时机破坏。

（3）TCP/IP 合同有安全问题出现。TCP/IP 合同数据信息的传送方法大多选择明码传送，完整的传送流程没有办法被掌握，所以不法人员能够借这一机会来阻断信息并且窃取重要数据；与此同时，TCP/IP 合同采取簇的系统构造，网络的标识只有一个 IP 地址，其不用身份认证，也不是完全没有变化，所以非法人员能够随意篡改并且冒用别人的 IP 地址，并且借此来修改、窃取别人的信息。

（二）外界环境带来的威胁

当今社会，计算机网络外部环境的威胁基本包含自然环境威胁、黑客入侵、病毒侵害和非法访问等。

（1）自然环境威胁。计算机网络安全会被大自然环境所局限，外界因素过于糟糕或者是不能够控制的自然环境原因都会增加计算机设施产生故障的可能性，进而极有可能影响计算机网络安全的发展情况。

（2）黑客入侵。对于目前社会发展的总体情况来分析，计算机安全技术的进步比计算机技术的发展要慢得多，所以许多黑客会借助计算机安全技术以及计算机技术相互发展的中间期，仔细分析网络体系中的缺陷，接着攻击计算机网络系统，进而给计算机网络安全带来很大的威胁。

（3）病毒侵害。计算机病毒具备传播性、潜伏期、威胁性和隐藏性等特点，在计算机网络技术飞速进步的前提下，计算机病毒的危害水平也在持续提高，与此同时潜伏期以及隐藏性能也急剧加强，所以，计算机网络安全面对的挑战愈加严重。

（4）非法访问。非法访问指的是在没有经过别人允许的情况下，利用网络或者别的入侵系统，非法进入计算机网络并且造成破坏，然后顺利进入别人的电脑，这一做法阻碍了计算机网络安全的发展进度。

（三）计算机用户带来的威胁

近年来，计算机已经在我们国家很多区域获得了整体普及。然而一些计算机用户在使用计算机的时候，没有建立合理的预防体系，所以会发生一系列操作流程遗漏以及隐私文件没有被保护等情况，这给不法人员的攻击带来了更好的机会。同时，因为部分计算机使用者缺少合理的预防观念，所以在计算机发生漏洞或者病毒入侵的时候做不到尽快修补以及预防，这会很大程度上危害计算机网络安全。

三、计算机网络安全技术的防范策略

在计算机网络安全控制环节，网络安全技术的类型有很多种，故而需要结合实际情况采取针对性的措施。以下是对常见的安全防护措施进行的分析。

（一）完善计算机网络系统的设计

当前，计算机用户访问网络一般分为三个环节：用户名称的识别和验证、用户口令的分辨和验证以及账号的检验环节。假如这三个环节中有一个环节发生故障，计算机网络体系都会把进入该网络的人员当做非法人员，并阻止这一用户进入网络。同时，因为要提升计算机操作体系的安全性能以及整体性，工作人员应当对每种操作体系进行不断地检验以及创新。在这一操作过程中，计算机体系应该具有如下安全方案：

（1）完整的储存以及取出的掌控能力，以高效预防计算机用户的存取行为。

（2）合理的管理水平，按时记录计算机各个系统的操作状况，并且对于数据信息的存取进行整体监管。

（3）完整的储存保护能力，可以高效预防计算机使用人员在特殊范围以外开启信息识别功能。需要注意的是在计算机网络系统设计环节，考虑到信息安全的控制要求，针对网络系统设计要做到全面性，要加强系统补丁的设计，保证系统自动更新功能齐全。

（二）构建计算机网络运行优良环境

构建优良的运行环境要从以下几个方面着手：

（1）网络安全人员在进行服务系统机房建造的过程中，需要整体了解我国颁发的相关规章制度，接着将这一制度作为前提条件来进行每一项服务系统机房建造的操作环节，而且这一服务系统一定要经过消防部门和公安部的检验，检验完成以后才可以正常运行。

（2）工作人员需要增强对于计算机网络体系关键设备的管理力度，并且整体配置防火防盗设施、防雷防水设施还有防磁防震设施。

（3）有关企业需要按照计算机网络操作的真实状况，来设立修改计算机网络设施维修机制，并且将每一项维修都准确记录下来。

（4）有关部门需要设立完整的安全故障紧急方案，并且安排专业的人员来进行关键计算机服务系统以及网络设施的工作，进而在发生突发情况的时候可以尽快处理，进一步降低突发事件对于计算机网络产生的阻碍性，给计算机服务系统以及网络设施的平稳运行带来良好的基础条件。

（三）建立可靠的安全防线

筑牢安全防线有以下几点措施：

（1）掌控防火墙。在进行计算机网络安全技术预防的操作过程中，防火墙占特别关键的一部分。它一般是设立在互联网的互相联络设施，是能够过滤危险因素的网络防范系统，进而预防网络人员借助不法方式来获取内部资料，从而对网络安全产生威胁。在这一操作流程中，防火墙技术能够按照安全方案，检验两个或两个以上网络之间相互传送的数据信息系统，进而提升计算机网络的安全性能。此外，防火墙技术还能够实现对于网络安全的监管作用，假如在访问的时候出现不法行为，防火墙会给出警示信号，与此同时把不法分子操作的具体信息通过防火墙展示出来。

（2）设立数据访问权限。计算机网络安全预防的关键措施是把不法入侵行为隔离在计算机网络系统以外，进而实现计算机网络安全预防这一关键目标。在这个操作过程中，计算机网络体系能够按照现实状况设立特殊的限制因素，接着将此作为前提给予计算机用户访问权限，使计算机用户可以在限制条件内开启文件、进行对其他资源信息的访问工作，与此同时准确制定计算机用户的操作准则。

（3）杀毒技术。病毒对于计算机网络具备很大的损伤能力，因此增强对病毒防杀能力的分析运用，对于计算机网络安全具备十分深刻的影响。针对病毒防杀技术来说，关键是通过"防为主，杀为辅"的方式，极大地减少网络病毒对于计算机网络安全产生的威胁。在这一操作过程中，计算机用户必须要跟随时代发展的趋势，配置市场中正规的杀毒软件，并且整体完成杀毒软件的监管工作，定时升级以及改善杀毒软件，进而快速寻找计算机网络中出现的病毒，然后使用科学合理的方式来整体消除这一病毒，推动计算机网络的正常发展。

（4）在进行计算机网络安全预防的整体操作过程中，文件加密技术非常重要，因其能够把明文改变成密文，所以没有被授权的计算机用户就没有办法了解有关的数据信息，这增强了在数据网络上传输的数据的安全性。❶

---

❶ 刘华欣. 计算机网络安全技术的影响因素探索分析 [J]. 电子元器件与信息技术，2022，6 （9）：196-199.

第二章 计算机病毒主要危害与防范研究

随着时代的发展进步，计算机网络技术得以飞速发展，人们在日常使用计算机时，难免会受到计算机病毒的侵害。其实，最开始计算机病毒进行传播时都只是在单一电脑中进行，但是后来网络技术应用普及以后，计算机病毒也随之提升了自身的破坏能力，不仅能够迅速进行传播，而且能够使一整片区域内的电脑受到影响，所以，近年来计算机病毒也越来越受到大家的广泛关注。

第一节 计算机病毒的基础理论知识

一、计算机病毒的概念

由于这些程序具有感染性和破坏性，类似于医学"病毒"，同时又与医学"病毒"不同，"计算机病毒"是具有特殊功能的程序，利用了计算机软件/硬件的固有弱点。因此这些"具有特殊功能的程序"通常被称为"计算机病毒"。

1983 年 11 月 10 日，美国人弗雷德·科恩编写并发表了第一个测试计算机安全的计算机病毒。今天，有许多计算机病毒对网络构成了重大的安全威胁，如 2004 年上半年破坏世界的"震荡波"病毒。"震荡波"病毒会自动扫描网络中的脆弱计算机，并要求它们下载和运行病毒文件。电脑病毒在进行传播或者破坏的过程中不需要人类进行相应的参与工作，这个时候只要计算机能够进行连接到相关的网络上，并且在计算机上并没有相关的杀毒软件或者是系统补丁，那么这台计算机肯定会在一定程度上受到计算机病毒的的侵害，并且当病毒在一定程度上对"安全认证子系统"进行围攻时，导致系统反复重启和安全认证应用的严重错误。例如，2022 年 9 月，在日本的一家雅马哈公司的计算机中发现了 CIH 病毒，让计算机受到了极大损害；同年 10 月在动视的第一人称的射击游戏中也出现了 CIH 病毒，这款游戏就是著名的《原罪》；到了 12 月 8 日，CIH 病毒以各种意想不到的方式在全世界传播。❶

从广义的方式上进行解释的话，任何能够将计算机的数据毁坏或者是让其发生故障的形成或程序都可以将其称作"计算机病毒"。那么根据这样的一个解释来说，可以将逻辑炸弹或者是蠕虫病毒作为主要的计算机网络病毒。

1994 年 2 月 18 日，中国正式颁布并实施了《中华人民共和国计算机信息系统安全保护条例》第 28 条，其中规定，计算机病毒是为干扰计算机运行或破坏数据而编写或插入的一系列计算机指令或程序。影响计算机的运行，并具有自我复制能力。这个定义是合法且具有约束力的。

二、计算机病毒的特点

(一) 传染性

计算机病毒最大的一个特点就是具有一定的传染性，它能够将已经感染上计算机病毒的机器具有一定的"病原体"的能力，在遇到没有感染计算机病毒的机器然后对其进行影响，这样就会让计算机瘫痪或者是更多地计算机受到侵害发生故障。那么跟生物病毒不一样的是，计算机病毒能够在计算机中进行一系列的计算机操作，这样就能够找到更容易进行感染的计算机数据或者是存储介质，那么就可以将其定为下一个被传染的对象，只需要将病毒代码进行复制然后传输过去，那么这个没有被病毒感染的计算机就会受到侵害。

计算机病毒可以通过各种渠道感染其他计算机，如移动存储设备和数据网络，判断一个程序是否是计算机病毒的主要标准是它是否具有传染性。

---

❶ 资料来源：2022 年 12 月 08 日前一场电脑病毒大爆发，6000 万台电脑中招，今天我们依然没吸取教训。

病毒具有正常程序的所有特征，它隐藏在正常程序中，当用户调用正常程序时，病毒会控制系统并在正常程序之前执行；病毒的功能和目的用户不知道，也没有得到用户的授权。[1]

(二)　隐蔽性

病毒通常附着在普通程序或隐藏的磁盘位置或隐藏的文件中，以防止用户发现其存在。如果不进行代码分析，就不容易将病毒程序与普通程序区分开来。在缺乏保护的情况下，受感染的计算机系统通常运作正常，用户不会发现任何异常情况。大多数病毒代码被设计得非常短，通常只有几百个字节或 1kB。

计算机病毒的源程序可能是一个独立的程序体，由于源病毒的传播，反复出现的病毒往往分散在可执行程序和数据文件中的多个位置，通过插件、扩展程序等方式，将病毒程序隐藏在其中。如果隐藏病毒程序的程序体被认为是合法的，那么病毒程序就可以合法地进入并收集非法占用的内存空间中分散的程序部分。非法攫取的内存空间可以被重构为一个完全分布式的病毒体。

(三)　潜伏性

大多数病毒长期隐藏在系统中，在不被发现的情况下进行繁殖和传播，只有在满足某些条件时才激活其表达模块（损害模块）。只有这样，它才能实现其长期隐藏和隐蔽传播的目标。

(四)　破坏性

进入系统的病毒会以多种方式影响系统和应用程序。那么在特定的环境下，病毒能够非常快速的让计算机的效率得到很大程度的降低，这样不仅不能正常工作，而且会破坏整个的系统资源，在这个过程当中，我们不难发现计算机的整个系统都处于崩盘状态。根据这一特点，病毒可以被分为良性和恶性。良性病毒可能只显示几个恼人的屏幕或短语，或根本不造成任何损害，但它们会消耗系统资源。那么对于恶意病毒而言，它们存在的一个意义就是让计算机上面的重要数据受到损害，删除有效文档，将磁盘进行隐藏或者是格式化，在这个过程中，我们计算机中的重要文件将会被破坏到不能恢复的程度。那这样的病毒能够达到的最后的结果就是让计算机受到严重损害，系统受到破坏。

---

[1]　李晓会. 网络安全与云计算［M］. 沈阳:东北大学出版社, 2017.

（五）不可预见性

在检测方面，病毒也是不可预知的。各类病毒的代码差别很大，但有些功能是共同的（如内存存储、修改中断等）。这些程序会检测出新的病毒，但由于程序的种类很多，一些普通程序也使用类似病毒的功能，甚至借用一些病毒技术，因此这种病毒检测方法不可避免地会导致更多的误报。此外，病毒制造技术在不断发展，病毒总是领先于反病毒软件，这就让人们面对计算机病毒的时候变得束手无措。

（六）触发性

一种病毒在某些事件或数值存在的情况下进行感染或攻击的倾向被称为其激活能力。病毒必须能够触发，以保持其阴险和攻击性的能力。病毒的触发机制负责控制感染和损害的频率。计算机病毒通常有触发条件，在开发者的意图下，触发它们在特定时间启动，对系统发起攻击。以下四种情况可以触发病毒，下面进行相应的讲解：

（1）以时间作为触发条件。计算机病毒的程序会读取系统的内部时钟，并在达到预定时间时发动攻击。

（2）以计数器作为触发条件。计算机病毒程序在内部定义了一个计算单位，当计划者达到一定的数值时就进行攻击。

（3）以特定字符作为触发条件。当敲入某些特定字符时发作。

（4）组合触发条件。上述条件结合起来，形成计算机病毒的触发条件。

病毒激活机制代码是病毒的敏感部分。当病毒被切割时，如果病毒的激活机制是已知的，这部分代码可以被修改以使病毒失活，或产生一个高度暴露的、非潜伏的病毒样本用于病毒分析。当感染触发条件得到满足时，病毒感染模块被激活并进行感染。当表达触发器得到满足时，病毒表达模块被激活以进行表达或销毁。

（七）针对性

病毒在进行发作的时候需要特定的环境，而且并不是所有系统都能够被病毒所侵蚀。

（八）寄生性

计算机病毒除了上面所讲的几种特点外，还有一个特性就是寄生性。计算机病毒如果已经侵害到计算机的主机，将会出现共生的现象，它将与主机的程序达成一个共存的现象。当计算机病毒一旦进入宿主系统当中，肯定会相应的作出数据调整，这个时候宿主程序便会被病毒所控制，开机启动计算机以后，病毒便会苏醒，并很快进入下一个复制病毒的阶段。

计算机病毒主要有五种特点，它们分别是传染性、隐蔽性、潜伏性、寄生性和破坏性。

三、计算机病毒的分类

计算机病毒根据其特点可以有许多不同的分类方式。

（一）基于破坏程度分类

最流行和最科学的分类方法之一是基于计算机被损害的程度，根据这种方法可以将病毒分为良性和恶性两种。

1. 良性病毒

良性病毒是指不包含对计算机系统有直接有害影响的代码的病毒。这种类型的病毒只让人知道它的存在，从一台计算机传播到另一台计算机，并导致计算机程序无法正常运行，但不会破坏计算机数据。

当良性病毒控制了一个系统时，它可以降低整个系统的效率，减少可用的内存，阻止某些应用程序的运行，与操作系统和应用程序争夺对 CPU 的控制权，有时还会使整个系统陷入停滞状态，给正常运行带来麻烦。有时几种病毒可以相互交叉感染，这意味着一个文件会被几种病毒反复感染。

2. 恶性病毒

恶性病毒在其代码中含有破坏计算机系统的功能，一旦被感染或被攻击，就会对系统产生直接的破坏作用。恶性病毒一旦被感染，通常不会表现出异常，隐藏得更深，但一旦被攻击，就会破坏计算机数据、删除文件、在某些情况下甚至会格式化硬盘，使整个计算机系统陷入停滞。当人们意识到这一点时，他们已经造成了难以修复的数据或硬件损坏。

（二）基于传染方式分类

根据传染方式的不同，病毒可分为三种类型：引导型病毒、文件型病毒和混合型病毒。

1. 引导型病毒

引导型病毒是指在 DOS 启动过程中被加载到内存中的病毒，在操作系统之前运行，其环境是 BIOS 中断程序。引导扇区是磁盘的一部分，在启动时控制计算机系统。引导病毒利用了操作系统引导扇区的固定位置，以及根据物理地址而不是引导扇区的内容传递控制权的事实。该病毒隐藏在系统中，等待合适的时机进行感染和攻击。

根据寄生目标的不同，引导病毒分为主引导区病毒和引导区病毒。主引导扇区病毒，也叫分区病毒，是指生活在硬盘头 0 行中主引导程序所占据的第一个扇区中的病毒，由分区隔开，如斯通病毒等。启动扇区病毒是生活在硬盘和软盘逻辑 0 扇区的病毒，通常是小球病毒。这里只描述了启动扇区病毒，因为它们基本上是相同。

启动病毒通常分为两部分，一部分在硬盘的启动扇区，而另一部分和原始启动记录则存储在硬盘上的几个连续的簇中，并在文件分配表（FAT）中被标记为"坏集群"或"集群"，永久地保留在硬盘上。在启动时，硬盘的启动扇区被加载到内存中，启动程序控制并加载两个隐含的文件：ibibio.com 和 command.com，以完成启动过程。当硬盘被病毒感染时，病毒程序的第一部分会被加载到内存中。然后，磁盘上坏簇中的第二部分被加载，并与第一部分合并，这样，病毒程序就处于内存的顶端，被控制在其他程序执行时不会被覆盖，可用空间也会被改变。中断向量，如 INT13H 是改为指向病毒程序，只有这样才能将原来的启动程序加载到内存中，传递控制权并完成系统启动。改变中断矢量往往使病毒程序在计算机运行时控制 CPU，使其在读写磁盘或产生其他中断时进行攻击并造成破坏。

2. 文件型病毒

基于文件的病毒是基于可执行文件，即带有文件扩展名，如 .com 和 .exe 的程序，存储在可执行文件的头或尾。目前绝大多数的病毒都是基于文件的病毒。

基于文件的病毒将其代码下载到一个运行程序的文件中；一旦程序被执行，

病毒就会被激活，进入内存并控制 CPU。该病毒在磁盘上搜索未受保护的可执行文件，将自己置于文件的开头或结尾，并修改文件的长度，使病毒程序合法化。它还可以修改程序，使文件在执行前附在病毒程序上，当病毒程序结束时，再跳到源程序的开头，使可执行文件成为新病毒的来源。被病毒感染的文件可能会减慢速度或根本不执行，或者一些文件在被感染和执行后可能被删除。

一个基于文件的病毒将自己附在一个不可执行的文件上是没有意义的。只有当可执行程序被执行时，病毒才能被带入内存并被执行。

基于文件的病毒根据其感染方式又能够分为三种类型：非常驻型病毒、常驻型病毒和隐形文件型病毒。

（1）非常驻型病毒。无抗病毒被嵌入 .com、.exe 或 .sys 文件中，当被感染的程序被执行时，病毒会转移到其他文件中。

（2）常驻型病毒。常驻病毒隐藏在内存中，可对计算机造成严重损害。一旦进入内存，它就会在其他文件被执行后迅速感染。

（3）隐形文件型病毒。将自己安装在操作系统中，当应用程序要求操作系统停止服务时，它就会感染该应用程序，而不显示任何迹象。

铅制病毒的破坏力更大，但不太常见，直到 20 世纪 90 年代中期，基于文件的病毒仍然是最普遍的。随着微软 Word 文字处理软件的普及和互联网的传播，出现了一种新型的病毒，即宏病毒。宏型病毒可被视为基于文件的病毒类型，占现在所有病毒的 80% 以上，是增长最快的病毒类型。巨型病毒也可以从不同的病毒变体中衍生出来。

3. 混合型病毒

混合型病毒通过技术手段将引导病毒和文件病毒结合起来，成为引导病毒和文件病毒，并相互感染。这种类型的病毒可以感染启动文件和可执行文件。

这个过程中无限增加了病毒的传播以及感染程度，那么究竟病毒在这个过程中是如何达到传播的呢？病毒真正进入计算机以后便会去寻找相应的运动系统，那么这个过程中我们便会发觉它能够将应用程序进行感染，接着就是其他磁盘上面的感染，文件也遭到了严重的破坏，再加上在传播的过程中不断进行扩散，所以具有较高的清理消除系数。如果说，我们只是简单地将已经被计算机病毒感染的文件删除的话，那么当我们的主机重新开启以后，病毒会从硬盘上的启动记录转移到内存中，文件会被重新感染；如果只删除隐藏在启动记录中的病毒，则在执行文件时启动记录会被重新感染。

（三）基于算法分类

1. 伴随型病毒

对于伴随型病毒而言，本质上在文档中不会发生任何变化，而是通过算法进行相应的目标转变，一般都是以.exe作为最主要的追踪对象，那么在文件名称方面不会发生任何变化，但是具备着不一样的扩展名称。就像是最熟悉的cer.exe的伴随体就是cr.com。当DOS读取文件时，首先执行伴侣体，然后读取伴侣体，并读取原始的.exe文件。文件就会被执行。

2. 蠕虫型病毒

它不修改文件和数据，而是根据计算机的网络地址将病毒送入网络。蠕虫型病毒通常不占用内存以外的资源，所以有时不会被察觉到。

3. 寄生型病毒

除了上面我们所讲的伴随型病毒以及蠕虫型病毒两种形式的病毒外，还有一种形式的病毒，那就是寄生型病毒。它们附着在启动扇区或系统文件上，通过系统功能传播。它们在算法上可以分为实用病毒、隐藏病毒和转化器病毒。

（1）练习型病毒包含自己的bug，不像一些调试型病毒那样容易传播。

（2）恶意病毒通常不直接修改DOS复位和扇区数据，而是通过硬件工程、文件缓冲区等对DOS进行内部修改。由于这种病毒使用了更复杂的技术，因此不容易清除。

（3）变种病毒，也称为幽灵病毒，使用更复杂的算法，使每个副本的内容和长度都不同。它们通常由混合了额外指令的解密算法和经过修改的病毒体组成。

（四）基于链接方式分类

1. 源码型病毒

源代码病毒攻击的目标是源应用程序。病毒代码在编译前被插入源程序中，编译后，病毒成为合法程序的一部分，成为以合法身份存在的非法程序。

源代码病毒比较少见，因其必须用与被攻击的源程序相同的语言编写。

2. 入侵型病毒

入侵型病毒甚至可以取代主机应用程序中的一个模块或部分堆栈。因此，这些病毒只攻击特定的应用程序，具有高度的针对性。这些病毒也很难编写，因为它们会遇到各种各样的主机应用。

病毒必须在不了解主机程序内部逻辑的情况下对其进行剪切和粘贴，而且还必须确保病毒程序能够正常运行。一旦病毒进入程序的体内，就更难清除。当一起使用时，多态病毒、超级病毒和隐形病毒的技术对目前的反病毒技术构成了严重挑战。

3. 外壳型病毒

外壳型病毒将自己附在主机程序的主程序或尾程序上，这相当于在主机程序中加入了一个壳，但后者却没有变化。这种类型的病毒是最常见的，很容易编写和检测，可以通过检查文件大小来检测。大多数基于文件的病毒都属于这一类别。

4. 操作系统型病毒

操作系统型病毒主要将自身所存在的有毒程序进行扩充，并且能够将主机当中的系统的重要部分进行更换，这样就会使其破坏能力变得非常强大，乃至将主机的整个系统全部报废。对于我们来说，常见的操作系统病毒包含的有：比如，圆点病毒以及大麻病毒等，在执行时，用它们自己的逻辑部分取代合法的操作系统模块，并破坏操作系统。

（五）基于传播的媒介分类

病毒可分为网络病毒和单机型病毒，这取决于它们传播的媒介。

（1）网络病毒通过计算机网络传播，感染网络上的可执行文件。这种病毒具有高度传染性和破坏性。

（2）单机型病毒从软盘转移到硬盘，感染系统，然后感染其他软盘，感染其他系统的情况很常见。

（六）基于攻击的系统分类

按照计算机病毒攻击的系统，可以分为攻击 DOS 系统的病毒、攻击 Windows 系统的病毒、攻击 UNIX 系统的病毒和攻击 OS/2 系统的病毒。

1. 攻击 DOS 系统的病毒

这类病毒出现最早、数量最大，变种也最多，以前的计算机病毒基本上都是这类病毒。

2. 攻击 Windows 系统的病毒

Windows 因其图形用户界面和多任务操作系统而受到用户的欢迎，并逐渐取代了 DOS 操作系统，使其成为病毒攻击的主要目标。在中国发现的第一个破坏计算机设备的 CIH 病毒就是一个攻击 Windows 95/98 操作系统的病毒。

3. 攻击 UNIX 系统的病毒

UNIX 系统很普遍，许多主要的操作系统都使用 UNIX 作为其主要的操作系统。因此，UNIX 病毒的出现是对 IT 的严重威胁。

4. 攻击 OS/2 系统的病毒

世界上已经发现第一个攻击 OS/2 系统的病毒。

（七）基于激活的时间分类

根据病毒被激活的时间，有可能区分定时病毒和随机病毒。

定时病毒只在某个时间启动，而随机病毒通常不按时间启动。

但上述分类是相对的，根据不同的分类方法，同一病毒可能属于不同的类型。❶

第二节　计算机网络病毒的特点与危害

一、计算机网络病毒

（一）计算机网络病毒的定义

传统的网络病毒是利用网络进行传播的病毒的总称。网络成为病毒传播的

---

❶ 李晓会. 网络安全与云计算 [M]. 沈阳:东北大学出版社，2017.

渠道，允许它们从一台计算机转移到另一台，然后转移到网络上的所有计算机。如果网络上的一个站点被感染，其他站点通常也会以同样的方式被感染。一个拥有同一入口点的网络系统可能会受到网络病毒的攻击，它可能会蔓延到整个网络并破坏整个系统。

网络病毒是利用网络作为平台来传播、复制和摧毁自己的计算机病毒。威胁到计算机和计算机网络的正常功能和安全的病毒，如网络蠕虫，只能被视为网络病毒。网络病毒与单个病毒不同，因为它们使用网络协议（如 TCP/IP、FIP、UDP、HTP、SMTP 和 POP3）来传播。由于网络病毒存储在内存中，它们往往无法被传统的扫描文件 I/O 到磁盘的方法检测到。

（二）计算机网络病毒的传播方式

互联网技术的进步也使许多恶意的网络攻击者更容易利用互联网来传播具有破坏性和阴险的病毒。

计算机网络的基本组成部分通常包括一个网络服务器和网络节点（包括基于磁盘的工作站、无磁盘工作站和远程工作站）。病毒在网络环境中的传播实际上遵循"工作站—服务器—工作站"的循环。通常情况下，计算机病毒通过受损工作站的软盘或硬盘进入网络，然后开始在整个网络中传播。

具体地说，其传播方式有以下几种：

（1）病毒直接从有盘工作站复制到服务器中。

（2）病毒首先感染工作站，留在工作站的内存中，然后在网络站上执行应用程序时感染服务器。

（3）病毒可以直接进行对工作站的进攻，长时间都存留在工作站的内核当中，这样就可以让病毒在日后的感染率上得到较大的提升，能够将整个计算机服务器彻底感染上病毒。

（4）如果一个远程工作站感染了病毒，该病毒也可以通过数据传输过程中的数据交换到达网络服务器。

对于计算机网络病毒而言，它最主要的传播和感染方式有两种，一种是来自邮件的方式，另一种是来源各大计算机系统当中的漏洞。因此，这就要求每一位进行计算机网络使用的人，要有非常高的网络安全使用观念，我们在进行接收邮件的时候或者是访问未知的网络的时候一定要有警示心理，加强对计算机保护的意识，不仅如此，我们还需要进行网络系统的及时更新，因为病毒会根据防御系统进行升级，提升病毒的攻击性以及感染性。

随着互联网的发展，病毒的传播急剧增加，并开始从区域层面转向全球层面。新一代病毒主要通过电子邮件、网上冲浪和在线服务等在线渠道传播，速度更快、频率更高、更难抵御，而且往往在找到解决方案之前就造成了严重的损害。

二、计算机网络病毒的特点

（一）传播方式多

该病毒进入网络系统主要是通过从工作站传播到服务器的硬盘，然后从服务器上的共享文件夹传播到其他工作站。然而，病毒的传播更为复杂，通常有以下几种传播途径。

（1）启动病毒感染了工作站或服务器的硬盘分区表或 DOS 启动区。

（2）计算机当中有很多运作盘，这是最容易感染计算机病毒的，从这方面作为主要切入点的话，很快整个计算机便会被彻底感染病毒。对于 login. exe 文件而言是非常容易感染病毒的，如果这种文档被感染的话，那就会让每一个登录工作站的程序彻底感染这种病毒。

（3）如果服务器上的一个应用程序感染了病毒，所有运行含有该病毒的应用程序的工作站都会被感染。混合病毒可以感染硬盘的分区表或工作站的 DOS 启动扇区。

（4）病毒通过工作站的复制功能进入服务器，进而在网络上传播。

（5）利用多任务可加载模块进行传染。

（6）若 Novell 服务器的 DOS 分区程序 server. exe 已被病毒感染，则文件服务器系统有可能被感染。

（二）传播速度快

虽然单个病毒只能通过可移动媒体从一台计算机转移到另一台，但网络病毒可以通过高速电缆迅速传播。

病毒在网上的传播速度非常快且传播量很大，据测算，在一个正常使用的工作站上带有病毒的个人计算机网络，可以在几分钟内感染网络上的所有计算机。

（三）清除难度大

对于单机病毒而言，虽然它能够通过删减带病毒的程序或者是文档进行相应的控制，或者将硬盘进行格式化处理，但如果是通过网络进行的工作站病毒，有一处地方没有完全消灭干净，那就很有可能引起整个网络陷入感染或者是瘫痪的境地。举个简单的例子，如果是一个刚刚结束消毒的计算机，被另外一个已经感染病毒的工作站进行感染的话，那就很容易重新感染上病毒，无法做到真正的有效清理。

（四）扩散面较广

由于病毒在网上传播非常迅速，它们可以迅速感染本地网络中的所有计算机，但也可以通过远程工作站瞬间传播到非常遥远的地方，传播能力非常强大。

（五）破坏性较大

网络病毒直接影响网络，降低工作的速度和效率，造成网络系统崩溃，破坏服务器系统资源，破坏大量工作文件。

三、计算机网络病毒的分类

计算机网络病毒的发展是相当迅速的，目前主要的网络病毒有以下几种。

（一）网络木马病毒

传统的木马病毒是指看起来像正常软件的病毒。

对于一部分的密码窃取病毒而言，它会将自己进行相应的变身，那么会把自己的系统进行伪装，就会变成一个登录页面，如果不了解的人们将相应的用户名以及密码进行编辑，点击登录以后就会让这样的病毒系统将所有的信息全部盗取。

（二）蠕虫病毒

蠕虫病毒是一种病毒性程序，它利用网络缺陷进行自我繁殖，如"莫里斯"病毒。它利用网络漏洞并扩散到整个网络，使成千上万的服务器无法再提供正常服务。除了利用网络漏洞外，今天的蠕虫病毒还使用了新的技术，如"求职信"病毒，它利用电子邮件系统作为一个平台，把病毒传播到千家万户。Nimda 病毒是一种系统病毒的组合，它利用被感染的文件来加速病毒的传播。那么，目前我们所讲的网络病毒一般都是指蠕虫病毒。

（三）捆绑器病毒

对于捆绑器病毒来说，它是一个非常新的概念，最初是为了通过一次点击同时执行几个程序而编写的，但这个工具已经成为病毒传播的新帮凶。例如，用户可以使用装订程序在一个小游戏中插入病毒，当用户运行该游戏时，病毒会无声地运行，对用户的计算机造成损害。此外，一些图像文件可能与病毒有关，这些病毒甚至更加可恶。

（四）网页病毒

网页病毒是一种利用网站上的恶意代码进行肆虐的病毒。它存在于一个网页上，实际上是用脚本语言编写的恶意代码。它可以破坏一些系统资源，例如，修改用户的注册表，改变开始页和浏览器标题，或者阻止许多系统功能，使用户无法正常使用计算机，更有甚者，格式化用户的磁盘。避免这种情况的最好办法是使用具有网络监控功能的防病毒软件，只有这样才能够有效的防止网页病毒的侵害。

（五）手机病毒

"手机病毒"，顾名思义就是将手机作为主要感染目标，可以通过手机网络或者是计算机网络作为一个媒介，通过带有病毒的文件或者是短信对手机进攻，这样手机便会因此受到严重的影响或者是感染。

现在的手机通过更新换代以后，变得比以前更加便利，越来越智能化，这样的好处就是可以替代计算机完成很多事情，比如说我们可以通过手机发送电子邮件，能够将信息进行相应的处理，甚至能够在网页当中查找自己想要资料。那么，手机能够轻松地完成上面的这些工作的主要原因是来源于手机的硬件设施，当然，也需要上层软件的辅助。这里我们简单地说一下上层软件，它主要是以 Java 和 C++等语言进行开发的，能够将可以进行操作的系统直接通过技术融入芯片当中，可以说将计算机的一部分功能都给予了手机，像是一个方便的小型计算机。所以，手机在一定程度上也会被病毒感染，只需要编辑带有恶意的一段代码，便会让手机陷入瘫痪。因为现如今的智能手机在接收信息的时候有很多种形式，方便的同时让病毒的侵入变得更加简单，只要通过这一点病毒便可攻克手机，获得最后的胜利。如果说，编写恶意代码的人员具有高超的技艺的话，不仅对于病毒有一定的熟悉程度，对于手机本身也有着一定的了解，那么深入手机内部程序，编写摧毁芯片的病毒就能够让手机不可再次使用。所以说，对于手机病毒，我们也一定不要掉以轻心。

手机病毒实际跟计算机病毒有异曲同工之妙，能够通过计算机发送一定的信息让手机也感染上病毒。如果按照定义来讲的话，计算机病毒其实包含了手机病毒，在进行传播的时候只能通过计算机进行，但是不能通过手机进行，这就表明真正运作的程序是电信公司的服务，就像是通过电子邮件进行发送，手机虽然接收到了这个文件，但是对于手机而言没有一定的感染能力，对手机没有任何的损害。但话也不能说的很绝对，有些手机病毒的损害性也是非常强大的，如果真正开始感染的话，可能感染的速度就会变得非常迅速。

黑客主要是通过三种方式进行传播的，一种是来自于攻破 WAP 服务器，这就让 WAP 手机没有办法做到正常运作；第二种主要是攻破甚至是影响网络关卡，让手机不断接受没有意义的信息；第三种是直接针对手机进行攻克，这样就会让手机没有办法正常操作，而且对于这样形式的病毒，它的破坏程度是非常强大的，以现在的技术水平没有有效的方法进行解决。所以说，我们如果想要有效防止病毒感染手机，就需要尽量减少在未知网络上下载东西，也要随时注意自己的手机日常接受的短信息，下载有关消毒清理的手机软件。

对于手机病毒来说，清理消除的主要技术可以分为两大类，一类是通过无线网络进行相应的清理，另一类就是通过 IC 接口端口或红外传输端口清理手机中的病毒。

新的网络环境催生了许多新的病毒概念，计算机病毒在这个新时代变得越来越"聪明"。为了应对这种情况，不仅需要不断改进反病毒技术，而且需要让计算机用户了解如何对抗病毒。只有通过大家的一致努力，我们才能有效地限制病毒造成的损害。

四、计算机网络病毒的危害

在这一阶段，计算机网络系统的各个组成部分、接口和连接方式都不同程度地存在一些缺陷和不足，网络软件的保护机制也不完善，这就意味着病毒可以迅速在网络中传播，感染网络服务器，损害各个网络用户的数据安全和计算机的正常运行。一些病毒并不直接破坏正常的代码，而只是宣布它们的存在，并可能干扰显示或降低计算机速度。一些恶意病毒可以明显破坏计算机的系统资源和用户数据，造成不可挽回的损失。当计算机网络被病毒感染时，其影响要比单台计算机的感染大得多，破坏性也更大。

计算机网络病毒的具体危害主要表现在以下几个方面。

（1）病毒攻击对计算机数据和信息造成的直接损害。大多数病毒在攻击中会直接损害重要的计算机数据，包括格式化磁盘、重写文件分配表和文件夹区域、删除重要文件或用"不可用"的数据重写文件，以及破坏 CMOS 设置。

（2）占用磁盘空间，损害数据。磁盘上的寄生病毒总是会非法占用磁盘空间。开机病毒是一种占领磁盘启动扇区的病毒，它把原来的启动扇区转移到另一个扇区，使被替换的扇区中的数据永久丢失，无法恢复。基于文件的病毒使用某些 DOS 功能来感染磁盘；这些 DOS 功能能够检测到磁盘的未使用状态，并将病毒的感染部分写入磁盘的未使用空间，因此它们通常不会破坏磁盘上的原始数据，但它们确实非法侵入了磁盘空间。一些基于文件的病毒会在短时间内感染大量文件，每个文件的扩展速度不同，导致磁盘空间受到非常大的损害，造成一定程度的空间浪费。

（3）盗窃系统资源。除了极少数的病毒，大多数病毒在内存中保持活跃，不可避免地消耗系统资源。一个病毒所消耗的内存量大约等于病毒本身的长度。首先计算机病毒肯定想要最快占据最中心的数据库，这样就能够将计算机内的系统资源控制，将内存极大地减少，那么，这个过程就会让很多系统不能正常运作。此外，在计算机当中具有较大能力的就是中断技术，那么计算机病毒如果想方设法控制中断的话，就会让病毒最大限度地启动，修改了中断详细的内容，让本该正常运作的计算机无法正常工作。网络病毒有些时候会故意霸占网络上的资源，这样也会让整个网络的速度变得非常慢，甚至是整个系统不能使用。

（4）在一定程度上能够使计算机的运作非常缓慢，影响操作。当病毒侵害计算机以后，肯定会朝着计算机主机内存发起进攻，这个时候就会让原本顺畅无阻的计算机变得非常缓慢，主要的行为体现在，因为病毒需要查找计算机中的弱项部分，需要先攻克，所以肯定在一定程度上对计算机内存有监视，其实这对计算机来说是没有任何好处的。甚至是有些病毒为了让自身不那么快被摧毁，会进行变相加密文件，而且对内存中的动态病毒也处于加密状态，CPU每次寻址都必须执行解密程序，将加密后的病毒解密为 CPU 的合法指令，然后在病毒执行程序结束后再对病毒进行重新加密，因此 CPU 必须额外执行数千甚至数万条指令。此外，在感染过程中，病毒还要增加额外的非法操作，特别是在感染软盘时，不仅使计算机的速度大大降低，而且干扰了软盘的正常读写秩序，造成震耳欲聋的噪音。

（5）以计算机病毒和不可预见的风险形式出现的错误。计算机病毒与其他计算机软件的区别在于病毒的不负责任，准备一个完整的计算机软件需要经过长期的诊断测试，需要大量的人力和物力，而病毒则在匆忙准备给计算机造成故障。反病毒专家分析了大量的病毒，发现其中大部分都有各种缺陷。

（6）变异病毒是另一个重要的病毒来源。一些新手还不能自己编译软件，出于好奇，修改别人的病毒，创造出许多错误的间接的变种。计算机病毒错误的后果往往是意想不到的，可能比病毒本身的危害更大。

（7）对于用户而言，看到计算机病毒是非常头大的一件事情。根据计算机销售部分的数据统计来说，人们在进行有关计算机病毒问题咨询的时候，有七成是用户的计算机真的受到了病毒的严重侵害，还剩下的三成其实是用户的心理作用，用户的过度紧张和担心。那么，这些用户主要怀疑计算机中了病毒的原因是来源于计算机突然关机或者是软件不能正常运行操作。当然，上面所讲的这些问题也是计算机被病毒感染以后发生的现象，这就导致人们在进行辨别的时候往往会想计算机是否已经感染上了病毒。因为在使用计算机进行工作的时候，普通工作人员不可能完全对电脑了解，并有着准确的判断，所以很多的时候大家都会持有怀疑的态度，这也是一种变相的保护电脑不被侵害的行为。但有些时候人们为了更快地"清理病毒"会导致格式化磁盘的事情发生，这个时候所造成的文件摧毁或者是损害都是不能回转的。

简言之，计算机病毒就像幽灵一样萦绕在用户的脑海中，造成巨大的心理压力，严重损害了计算机的使用时间与次数，造成的损害是无法进行考究的。❶

第三节　防范计算机病毒的主要内容与措施

一、计算机病毒防范的措施

（一）提高警惕，用常识进行判断

不要打开来自未知或意外来源的附件，对看起来可疑的附件要保持警惕。如果你收到朋友发来的电子邮件，说你感染了一种新的、非常危险的病毒，并要求你把警告邮件转发给你认识的所有人，这很可能是一种诈骗病毒。

（二）安装防病毒产品并保证更新

建议至少每周更新一次防病毒代码，因为防病毒软件只有在最新的情况下才有效。必须记住，购买的杀毒软件不仅要更新病毒定义代码，还要更新产品引擎，这样做的好处是可以满足新引擎的检测和修复要求，从而有效清除病毒和蠕虫。

（三）不下载不可靠渠道的软件

这很困难，因为通常没有办法知道哪个来源是不可靠的。假设所有可靠的网站都没有病毒是比较容易的，但有这么多的软件下载网站，不可能确定所有的网站都有安全保护。因此，在安装之前，对需要下载的文件进行病毒检查是

---

❶ 李晓会. 网络安全与云计算 ［M］. 沈阳:东北大学出版社，2017.

必要的。

（四）使用正规客户端的防火墙

如果我们想要利用互联网进行上网的话，那肯定会使用宽带系统，这个时候就需要加强个人软件防止病毒侵害，因为能够有效的阻止陌生软件侵害电脑系统。如果系统没有得到有效保护，个人地址、信用卡号码和其他个人信息可能被盗。

二、预防计算机病毒的五大构思

计算机病毒现在可以渗透信息社会的所有领域，对计算机系统造成巨大的破坏和潜在的威胁。为了确保安全和信息的顺利流通，我们必须谨慎地使用网络资源，并遵守现行法律。鉴于互联网的快速发展，我们必须采取以下行动来共同维护我们的网络环境：

（1）建设有中国特色的网络文化：随着互联网的快速发展，加强网络文化建设和管理，营造健康的网络环境，已成为全社会的强烈要求。

（2）积极开展网络道德教育，加强网络文化教育和引导：不能因为个人情感而利用网络知识做危害人民生命财产安全的事情，如编写计算机病毒，给国家和人民带来损失。

（3）严格保障软硬件安全，在各种病毒的威胁下，各种防病毒措施公布，无论是硬件还是软件，都要应用高新技术的成果，形成新的产业。

（4）国家政府的强大贡献：国家政府的参与发挥了重要作用，对电子文化组织的扎实培训也发挥了重要作用，以更好地服务民众。

（5）考虑建立一个应急分队：以便能够及时采取保护措施，帮助网络程序员，减少网络犯罪。❶

---

❶ 李晓会. 网络安全与云计算［M］. 沈阳:东北大学出版社，2017.

第三章　云安全架构理论与防护技术研究

云计算安全技术的成熟度正处于云计算技术曲线的技术阶段，具有广阔的发展空间和良好的增长背景。如何认识云计算安全的重要性，如何解决云计算安全问题，如何通过有效措施确保云计算信息系统的安全，如何进行云计算信息系统安全保护水平的评估……这些问题已经成为云计算安全领域突出的研究课题，受到了广大研究人员的关注。

第一节　云安全架构基础理论

一、云计算与云安全

云计算正在以其巨大的计算能力和丰富的计算资源改变 IT 格局，并带来新的安全问题。在为人们提供更多便利的同时，也为恶意攻击者提供了更多攻击机会。与云计算有关的主要安全问题包括：

（1）云计算的计算能力使密码破解变得快速而容易。同时，云中的巨大资源量给了恶意软件更多的传播机会。

（2）大量的用户数据被收集在云中，尽管它可以与虚拟机隔离，但攻击者仍然非常愿意使用云，当虚拟防火墙被攻破时，会引发连锁反应，所有存储在云中的数据都有被盗的风险。

（3）云计算的使用也为恶意攻击者窃取用户数据创造了机会。恶意攻击者可以把自己伪装成合法的数据，以获得对云服务的访问，并在其领域内找到以前用户的数据痕迹。

（4）在技术方面，谷歌认为，如果云计算成为现实，未来人们不太可能将数据存储在本地硬盘上，而是将所有数据都放在云端，这种情况下，一旦发生技术故障，用户将束手无策。

（5）实际上云对外部世界是不透明的。云供应商并没有向用户提供很多关于他们的位置、人员、使用的技术、运作模式等信息。

二、云安全参考模型及应对策略

（一）云安全参考模型

1. CSA 模型

云安全联盟（CSA）是业界公认的云安全研究组织，于 2009 年 12 月 17 日发布了《云计算安全指南》，这是一份关于云计算服务安全实践的指南。本指南根据资源和服务的管理、所有权和物理位置，介绍了不同云供应模式的可能实现方式，以及不同供应模式下云服务用户之间的信任关系，如图 3-1 所示。

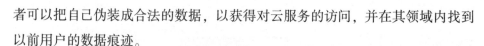

	管理者	所有者	位置	消费者
公共云	第三方	第三方	场外	不信任
私有和社区云	组织或第三方	组织或第三方	场内或场外	信任
混合云	组织和第三方	组织和第三方	场内和场外	信任和不信任

图 3-1　云部署模型的实现

如图 3-1 所示，有许多私有云和共享云的实现方式，它们可以由第三方拥有和管理，并能以与公有云相同的方式提供外部服务，不同的是，共享云服务的消费群体之间存在信任关系，限制了组织内部和受信任群体之间保护云的责任。

2. 云立方体模型

云立方体模型，如图 3-2 所示。为了清晰地展示云立方体模型，可将云立方体模型进行分解，分解后的模型，如图 3-3 所示。

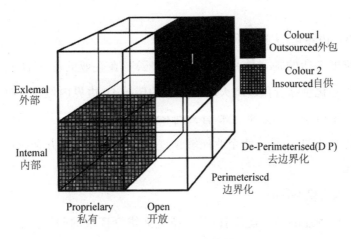

图 3-2　云立方体模型

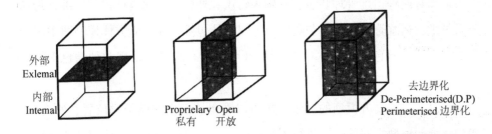

图 3-3　云立方模型分解

如上所述，Jericho Forum 将云立方体模型划分为 4 个维度。

维度 1：内部/外部。

第一个维度代表"数据的物理位置"，通过云数据是否在公司内部来衡量。如果在内部使用，则是内部尺寸，反之则是外部尺寸。有时，结合实际情况将两个维度进行有效结合就能提供较安全的模型。

维度 2：隐私/开放。

第二个维度表达了"技术路径"，它定义了云技术、服务、接口等的所有权，并表明云之间的互操作性程度，即私有系统和其他云之间的"数据和应用程序的可移植性"。在私有云环境中，如果不对私有云做出重大改变，就不可能将"数据/应用"转移到其他云中。另外，开放云允许使用开放技术在云之间共享数据，减少了云之间协作的限制，使开放云成为改善多个组织之间协作的最有效云。

维度3：边界化/去边界化架构。

第三维度表达的是"体系理念"，即"云"在企业的传统 IT 边界之内还是之外。边界化意味着在以防火墙为标志的传统 IT 边界内经营云计算，但是这种做法会阻碍企业与企业（私有云与私有云）的合作。去边界化是指逐渐移除企业传统的 IT 边界，使企业能够越过任何网络与第三方企业进行全球性的安全合作。

维度4：自供/外包。

第四维度阐述的是"运维管理"，描述运维管理权的归属问题。8 个云形态 Per（I/P，I/O，E/P，E/O）和 D.P（I/P，I/O，E/P，E/P，E/O）里每个云形态有两种运维管理状态，分别为自供和外包。公司自己控制运维管理属于自供维，运维管理服务外包给第三方属于外包维。在云立方体模型图中用两种颜色表示（颜色1和2）第四维度。8 个云形态均可以采用两种颜色中的任一颜色。

从以上对云立方模型的详细分析可以看出，云立方模型对位置、所有权、架构和维护模型之间的边界进行了很好的定义。然而，云立方所定义的云模型的规模主要用于商业决策，技术概况相对较小。因此，云计算安全的架构和技术方面的研究将被置于云立方模型的下一个层次，云计算安全研究的主题将是结合各云格式的安全特点，分析云计算安全的应对策略和基本技术。

（二）云安全应对策略

结合云计算的安全特点，参考云计算安全参考模型，制定符合云计算形式的安全策略非常重要。安全策略是云计算安全建设中最重要的工作之一。然而，由于创建安全策略不需要什么技术知识，所以许多人似乎并不重视它。

1. CSA 安全指南

CSA 中与云计算相关的安全问题主要分为治理和运营两个领域，共涉及 12 个具体的关键领域（D2~D13），如表 3-1 所示。治理领域很广泛，涉及云计算环境中的战略和政策，而运营领域则更侧重于云计算安全架构中关键技术的实施。

表 3-1　CSA 的关键关注安全领域

治理域	运行域
治理和企业风险管理	传统安全、业务连续性和灾难恢复
法律和电子证据发现	数据中心运行
合规与设计	应急响应通告和补救
信息生命周期管理	应用安全
可移植性和互操作性	加密和密钥管理
—	身份和访问管理
—	虚拟化

通过关注一系列云安全问题，包括 12 个问题领域，并在每个关键领域提供相应的安全控制建议，CSA 将使用户对云安全有更清晰的认识，更好地了解需要解决的问题、最新推荐的云安全措施以及如何预防潜在威胁。这些安全领域将解决与安全技术的需求、范围和性能有关的新问题，如虚拟机安全、取证和安全审计，以确保审慎和有效地应用安全措施来保护云服务。

2. 美国联邦政府安全策略

无论是云计算还是其他信息技术，亚马逊、谷歌、英特尔、微软、惠普、IBM 等高科技公司创新推动的技术进步，无疑与美国在信息技术、治理、监管、安全等诸多领域密切相关，奠定了坚实基础。美国在云安全方面的进展更为迅速，不仅在数据安全和隐私方面，建立了包括立法、治理和技术在内的系统保护制度，而且将云安全战略全面发展为国家战略。

（1）实施基于风险的云计算管理：在采用云计算的早期阶段，美国联邦政府认识到安全和隐私、可移植性和互操作性是采用云计算的主要障碍，并将它们列为优先事项。

（2）加强云安全治理，明确安全治理利益相关方及其责任：一是明确各部委在云安全治理中的作用和责任；二是明确 FedRAMP 利益相关方的作用和责任；三是明确第三方评估组织的责任。

（3）注重云安全管理的整体设计：以政策法规为指导，创建以安全控制为基本要求，以评估和授权、监控为治理手段的立体化云安全管理框架，同时提供模板、指南等支持手段，如图 3-4 所示。

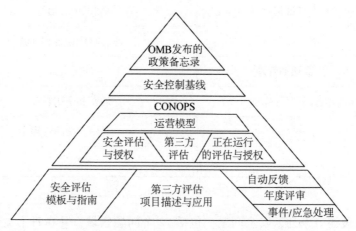

图 3-4　美国联邦政府云计算安全管理立体体系

三、云计算的架构及标准化

（一）云计算的架构

云计算是一种商业计算模型，它将计算任务分布在大量计算机构成的资源池上，使用户能够按需获取计算力、存储空间和信息服务。美国国家标准和技术研究院提出云计算的三个基本架构（服务模式），即软件即服务（SaaS）、平台即服务（PaaS）和基础设施即服务（IaaS），如图 3-5 所示。不同的云层，提供不同的云服务。

1. 基础设施即服务 IaaS

IaaS 为 IT 行业创造虚拟的计算和数据中心，使其能够把计算单元、存储器、I/O 设备、带宽等计算机基础设施，集中起来成为一个虚拟的资源池来为整个网络提供服务。IaaS 提供接近于裸机（物理机或虚拟机）的计算资源和基础设施服务。

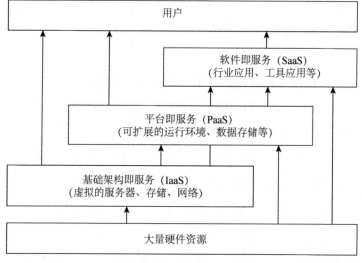

图 3-5　云计算按层次分类

IaaS 的典型代表是 Amazon 的云计算服务（Amazon Web Service，AWS）的 AWS 平台，它提供了两个典型的云计算平台：弹性计算云 EC2（Elastic Computing Cloud）和简单存储服务 S3（Simple Storage Service），EC2 完成计算功能，在该平台上用户可以部署自己的系统软件，完成应用软件的开发和发布。S3 完成存储计算功能，S3 的基础窗口是桶，桶是存放文件的容器。S3 给每个桶和桶中每个文件分配一个 URI 地址，因此用户可以通过 HTTP 或者 HTPS 协议访问文件。收费的服务项目包括存储服务器、带宽、CPU 资源以及月租费。

IaaS 的关键技术及解决方案是虚拟化技术。使用虚拟化技术，将多台服务器的应用整合到一台服务器上的多个虚拟机上运行。其中，有 5 台独立的服务器，每个服务器有其相应的操作系统和应用程序，但每台服务器的利用率都很低，为了充分利用服务器，将 5 台服务器上的应用整合到一台服务器上的多个虚拟机上运行，其利用率大幅提高。计算虚拟化提高了服务器资源的利用率，安全可靠地降低了数据中心总成本 TCO（Total Cost of Ownership）。

能够帮助解决数据中心挑战的虚拟化技术的主要特征之一是分区。分区意味着虚拟化层可以在多个虚拟机之间共享服务器资源；每个虚拟机可以同时运行一个单独的（相同或不同的）操作系统，允许多个应用程序在一台服务器上运行；每个操作系统只看到虚拟化层提供的内容。因为每个操作系统只能

"看到"由虚拟化层提供的"虚拟硬件（虚拟网卡、SCSI 卡等）"，所以它认为自己是在自己的服务器上运行。❶

2. 平台即服务 PaaS

PaaS 是把应用服务的运行和开发环境作为一种服务提供的商业模式。即 PaaS 为开发人员提供了构建应用程序的环境，开发人员无须过多考虑底层硬件，可以方便地使用很多在构建应用时的必要服务。

Google App Engine（应用引擎）提供了一种 PaaS 类型的云计算服务平台，专为软件开发者制定。Google App Engine 是由 Python 应用服务器群、BigTable 数据库访问及 GFS 数据存储服务组成的平台，它能为开发者提供一体化的提供主机服务器及可自动升级的在线应用服务。用户编写应用程序，Google 提供应用运行及维护所需要的一切平台资源。在 Google App Engine 平台上，开发者完全不必担心应用运行所需要的资源，因为 Google App Engine 会提供所有的东西。开发者更容易创建及升级在线应用，而不用花费精力在系统的管理及维护上。

Google App Engine 这种服务让开发人员可以编译基于 Python 的应用程序，并可免费使用 Google 的基础设施来进行托管（最高存储空间达 500MB）。超过此上限的存储空间，Google 以 CPU 内核使用时长及存储空间使用容量按一定标准向用户收取费用。

Google App Engine 和 Amazon 的 S3、EC2 及 SimpleDB 不同，后者直接提供一系列硬件资源供用户选择使用。

PaaS 的特点是两个关键技术：一个是分布式并行计算，另一个是大文件的分布式存储。分布式并行计算旨在利用广泛共享的计算资源来进行大规模的计算和应用，实现传统计算向并行计算的真正转换，并为客户提供并行服务。分布式大文件存储是为了在低成本、不可靠的节点架构中存储大量数据时确保安全和性能。

---

❶ 宋俊苏. 大数据时代下云计算安全体系及技术应用研究［M］. 长春:吉林科学技术出版社，2021.

3. 软件即服务 SaaS

SaaS 是一种基于互联网提供软件服务的应用模式，即提供各种应用软件服务。用户只需按使用时间和使用规模付费，不需安装相应的应用软件，打开浏览器即可运行，并且不需要额外的服务器硬件，实现软件（应用服务）按需定制。在用户看来，SaaS 会省去在服务器和软件授权上的开支；从供应商角度来看，只需要维持一个应用程序就够了，能够减少成本。SaaS 主要面对的是普通用户。

SaaS 的典型产品有：Salesforce.com、阿里软件、铭万、金算盘、中企动力、神码在线、商务领航、友商网、八百客、bibisoft.cn 等。其中，Salesforce.com 是全球按需 CRM（Customer Relationship Management，客户关系管理）解决方案的领导者。阿里软件居世界第二，是中国最大的电子商务网站阿里巴巴集团继成立"阿里巴巴""淘宝""支付宝""雅虎"后，于 2007 年 1 月 8 日成立的第 5 家子公司。

（二）云计算标准化情况

云计算的标准化是促进广泛使用云计算的前提条件。目前，云计算已经吸引了大量的国家和国际组织及研究单位的兴趣，并有活跃的制造商。

1. 国际云计算标准化工作概述

国外共有 33 个标准化组织和协会从各个角度开展云计算标准化的工作。这 33 个国外标准组织和协会既有知名的标准化组织，如 ISO/IEC JTC1 SC27、DMTF，也有新兴的标准化组织，如 ISO/IEC JTC1 SC38、CSA；既有国际标准化组织，如 ISO/IECJTC1SC38、ITU-T SG13，也有区域性标准化组织，如 ENISA；既有基于现有工作开展云标准研制的，如 DMTF、SNIA，也有专门开展云计算标准研制的，如 CSA、CSCC。按照标准化组织的覆盖范围对 33 个标准化组织进行分类，结果如表 3-2 所示。

表 3-2 国外 33 个标准化组织和协会分布表

序号	标准组织和协会	个数	覆盖范围
1	ISO/IEC JTCI SC7、8C27、SC38、SC39、ITU-T SG13	5	国际标准化组织

续表

序号	标准组织和协会	个数	覆盖范围
2	DMTF、CSA、OGF、SNIA、OCC、OASIS、TOG、ARTS、IEEE、CCIF、OCM、Cloud Use Case、A6、OMG、IETF、TM Forum、ATIS ODCA、CSCC	19	国际标准化协会
3	ETSI、Eurocloud、ENISA	3	欧洲
4	GICTF、ACCA、CCF、KCSA、CSRT	5	亚洲
5	NIST	1	美洲

总的来说，目前参与云计算标准化工作的国外标准化组织和协会呈现出以下几方面的特点。

（1）三大国际标准化组织从多角度开展云计算标准化工作。三大国际标准化组织 ISO、IEC 和 ITU 的云计算标准化工作开展方式大致分为两类：一类是已有的分技术委员会，如 ISO/IECJTC1 SC7（软件和系统工程）、ISO/IEC-JTC1 SC27，在原有标准化工作的基础上逐步渗透云计算领域；另一类是新成立的分技术委员会，如 ISO/IEC JTC1 SC38、ISO/IEC JTC1 SC39（信息—技术可持续发展）和 ITU-T SG13，开展云计算领域新兴标准的研制。

（2）知名标准化组织和协会积极开展云计算标准研制。知名的标准组织和协会，如 DMTF、SNIA 和 OASIS，已经在其现有的标准化工作基础上制定了云计算标准。其中，DMTF 关注虚拟资源管理，SNIA 关注云存储，OASIS 关注云安全和 PaaS 层标准化。

（3）新兴标准化组织和协会有序推动云计算标准研制。新的标准化组织和协会，如 CSA、CSCC 和云使用案例，正在以适当的方式开展云标准工作。例如，CSA 专注于云计算的安全标准，而 CSCC 则专注于从云计算客户的角度制定标准。

2. 国际云计算标准化工作分析

国外标准化组织和协会在云计算方面的标准化工作，从最初的标准化需求收集和分析到通用和基本标准的制定，如云计算的字典和参考架构，IaaS 层，如计算和计算资源的访问和管理，PaaS 层的标准制定，如应用部署和管理，云服务中信息安全管理的标准制定，以及云服务客户的采购方式。在云计算及其部署方面已经取得了重大的进展。

总的来说，33 个标准化组织和协会的云计算标准化工作分类情况，如表 3-3 所示。分析这 33 个组织和协会的标准化工作主要集中在以下 5 个方面。

表 3-3 云计算标准化工作分类

关注点		相关标准组织
应用场景和案例分析		ISO/IEC JTC1、ITU-T、Cloud Use Case 等
通用和基础		ISO/IEC JTC1、ITU-T、ETSI、NIST、ITU-T、TOG 等
互操作和可移植	虚拟资源管理	ISO/IEC JTC1、DMTF、SNIA、OGF 等
	数据存储与管理	SNIA、DMTF 等
	应用移植与部署	OASIS、DMTF、CSCC 等
服务		ISO/IEC JTC1、DMTF、GICTF 等
安全		ISO/IEC JTC1、ITU-T、CSA、NIST、OASIS、ENISA 等

（1）应用场景和案例分析标准。一些组织，如 ISO/IEC JTC1 SC38、ITU-T FGCC（云计算焦点小组，后改名为 SG13）和云计算使用案例，已经为云计算应用开发了场景和案例研究。其中，用例和情景分析文件是 SC38 的永久性文件。该文件从 IaaS、PaaS 和其他角度对目前的案例和场景进行了分类和总结。目前，SC38 采用用户案例和情景分析的方法，作为评估新工作是否合理的方法之一。随着云计算的采用和推广，国际标准化组织和协会将寻求增加和改善类似用例的数量和质量。

（2）通用和基础标准。ISO/IEC JTC1 SC38 和 ITU-T SG13 目前正在通过成立联合工作组（JWG）来制定云计算术语和云计算参考架构这两项标准，其中云计算术语主要包括基本的云计算术语，用于规范云计算术语和澄清概念。云计算参考架构描述了云计算的利益相关者，定义了云计算的基本功能和组件，描述了云计算的功能和组件之间的关系以及它们与环境之间的关系，并为定义云计算标准提供了一个技术中立的参考点。

（3）互操作和可移植标准。互操作性和可移植性标准侧重于资源的按需供应、数据和供应商的绑定以及大量分布式数据的存储和管理，这对云用户来说是最重要的。其目标是创建一个互联、高效和稳定的云计算环境，并对基础设施、平台和应用层的关键技术和产品进行标准化。目前，IaaS 层的标准化工作由 DMTF 和 SNIA 代表的标准化组织和协会进行，而 PaaS 层的标准化工作由 OASIS 进行。OVF 和 CDMI 已经成为国际标准，而 VMAN 和 CIMI 正在为国际标准投票。

（4）服务标准。服务标准主要涵盖了云服务生命周期管理的各个阶段，包括服务提供、服务水平协议、服务测量、服务质量、服务运维、服务管理和服务供应，包括云服务的一般要求、云服务提供合同的定义、云服务质量评估指南、云服务运维的定义、云服务的定义、云服务供应的定义等。目前，ISO/IEC JTC1 SC38、NIST、CSCC 和其他组织和协会正在制定云服务水平协议的标准，并且已经有了一个国际标准的草案。

（5）安全标准。安全标准侧重于数据存储和传输的安全性、云中身份的认证、访问控制、安全审计和其他方面。目前，ISO/IECJTC1SC27、CSA、ENISA 和 CSCC 正在从不同的角度制定关于云安全的标准和指南，3 个关于云安全的国际标准正处于委员会（CD）和国际标准草案（DIS）阶段。

3. 国内云计算标准化工作概述

中国电子电气标准化研究院（CITE）于 2009 年启动了云计算标准化的研究，并积极参与了国际云计算标准的制定。中国和美国提交的文件被称为 SC38 "云计算参考架构" 工作草案的背景文件，中国被列为该工作文件的主要起草人之一，成为推动这一国际标准的主要贡献者。

2014 年 10 月，两项关于云计算的国际标准，即 ISO/IEC 17788：2014《信息技术云计算概述和词汇》和 ISO/IEC 17789：2014《信息技术云计算参考架构》正式发布。

此外，在美国 "棱镜门" 事件后，中国出台了针对政党和政府机构的云安全管理制度，其中一项基本标准《信息安全技术云计算服务安全能力要求》已于 2015 年 4 月 1 日发布并正式实施。该文件定义了政府机构和关键部门使用的云服务应具备的基本安全功能，并对云服务提供商提出了一般和高级要求，这是中国云服务国家标准化的一个新步骤。

4. 国内云计算标准化工作体系

针对目前云计算发展现状，结合用户需求、国内外云计算应用情况和技术发展情况，同时按照工信部对我国云计算标准化工作的综合布局，2014 年中国电子技术标准化研究院推出的《云计算标准化白皮书》建议我国云计算标准体系建设从"基础""网络""整机装备""软件""服务""安全"和"其他" 7 个部分展开。云计算标准体系框架，如图 3-6 所示。

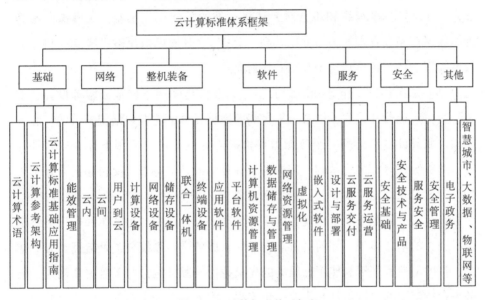

图 3-6 云计算标准体系框架

（1）基础标准。基础标准用于统一云计算及相关概念，为其他各部分标准的制定提供支撑。基础标准主要包括云计算术语、云计算参考架构、云计算标准基础应用指南、能效管理等方面的标准。

（2）网络标准。网络标准用于规范网络连接、网络管理和网络服务，主要包括云内、云间、用户到云等方面的标准。

（3）整机装备标准。整机装备标准用于规范适用于云计算的计算设备、存储设备、终端设备的生产和使用管理。整机装备标准主要包括整机装备的功能、性能、设备互联和管理等方面的标准，包括《基于通用互联的存储区域网络（IP-SAN）应用规范》《备份存储备份技术应用规范》等标准。

（4）软件标准。软件标准用于规范云计算相关软件的研发和应用，指导实现不同云计算系统间的互联、互通和互操作。软件标准主要包括虚拟化、计算资源管理、数据存储和管理、平台软件等方面的标准。软件标准中，"开放虚拟化格式规范"和"弹性计算应用接口"主要从虚拟资源管理的角度出发，实现虚拟资源的互操作。"云数据存储和管理接口总则""基于对象的云存储应用接口""分布式文件系统应用接口""基于 Key-Value 的云数据管理应用接口"主要从海量分布式数据存储和数据管理的角度出发，实现数据级的互操作。从国际标准组织和协会对云计算标准的关注程度来看，对虚拟资源管理、数据存储和管理的关注度比较高。其中，"开放虚拟化格式规范"和"云数据管理接口"已经成为 ISO/IEC 国际标准。

（5）服务标准。服务标准即云服务标准，具体用于规范云服务设计、部署、交付、运营和采购，以及云平台间的数据迁移，主要包括服务采购、服务质量、服务计量和计费、服务能力评价等方面的标准。云服务标准以软件标准、整机装备等标准为基础，依据各类服务的设计与部署、交付和运营整个生命周期过程来制定，主要包括云服务分类、云服务设计与部署、云服务交付、云服务运营、云服务质量管理等方面的标准。云计算中各种资源和应用最终都是以服务的形式体现。如何对形态各异的云服务进行系统分类是梳理云服务体系、帮助消费者理解和使用云服务的先决条件。服务设计与部署关注构建云服务平台所需要的关键组件和主要操作流程。服务运营和交付是云服务生命周期的重要组成部分，服务运营和交付的标准化有助于对云服务提供商的服务质量和服务能力进行评估，同时注重服务的安全和服务质量的管理与测评。

（6）安全标准。安全标准用于指导实现云计算环境下的网络安全、系统安全、服务安全和信息安全，主要包括云计算环境下的网络和信息安全标准。

（7）其他标准。其他标准主要包括与电子政务、智慧城市、大数据、物联网、移动互联网等衔接的标准。❶

---

❶ 宋俊苏. 大数据时代下云计算安全体系及技术应用研究［M］. 长春:吉林科学技术出版社，2021.

第二节　云计算的主要应用探索

一、Amazon 的 AWS

Amazon 是第一个将云计算作为服务出售的公司，亚马逊的云计算产品总称为 Amazon Web Service（亚马逊网络服务，英文简称：AWS）。

AWS 主要由以下部分组成，包括弹性计算云 EC2（Elastic Computing Cloud，EC2）、简单存储服务（Simple Storage Service，S3）、SQS（Simple Queuing Service，简单信息队列服务）以及 SimpleDB，为企业提供计算和存储服务。收费的服务项目包括存储空间、带宽、CPU 资源以及月租费。亚马逊目前为开发者提供了存储、计算、中间件和数据库管理系统服务。

2006 年，AWS 开始为亚马逊提供专业云计算服务，以 Web 服务的形式向企业提供 IT 基础设施服务。至 2017 年，亚马逊的云计算服务 AWS 营收达到 175 亿美元的规模。亚马逊 AWS 2021 年总营收 622.02 亿美元，同比增长 37%。四季度营收 177.8 亿美元，同比增长 40%。全年营业利润 185.32 亿美元，营业利润率为 29.8%。❶ 目前，Amazon 面向用户提供包括弹性计算、存储服务、数据库、应用程序等在内的一整套服务，能够帮助企业降低 IT 基础设施投入成本和维护成本，亚马逊 AWS 已经成为当前全球市场份额最高的云计算基础设施服务商之一。

二、Windows Azure Platform

随着云计算的发展，微软在 2008 年 10 月发布了 Windows Azure。Azure 是微软自 Windows 被 DOS 取代以来的又一次革命性变化，为互联网架构创造了一个新的云计算平台，提供了 Windows 从 PC 到云的真正延伸。

---

❶ 资料来源：知乎。

Windows Azure 平台是微软开发的一套云计算操作系统，为网络云服务提供了一个底层操作系统及一个存储和管理平台。它是微软云服务的第一阶段，也是微软网络服务测试策略的一部分，是 PaaS 云服务模型及其组成的一部分，如图 3-7 所示。

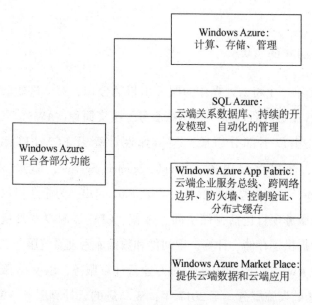

图 3-7 Windows Azure 平面各部分功能图

Windows Azure Platform 由微软首席软件架构师雷·奥兹在 2008 年 10 月 27 日在微软年度专业开发人员大会中发表其社区预览版本，在 2010 年 2 月正式开始商业运转（RTM Release），其 7 个数据中心分别位于：美国的芝加哥、圣安东尼奥及得克萨斯、爱尔兰的都柏林、荷兰的阿姆斯特丹、新加坡及中国的香港。2014 年 3 月，微软公有云 Azure 正式在华商用。2018 年 3 月推出用户连接服务预览版本，简称 CEF（Customer Engagement Fabric）。

三、IBM 蓝云解决方案

IBM 是企业会计和传统超级计算的领导者。在云计算方面，IBM 是硬件、软件和服务的完整供应商，帮助企业创建内部私有云服务和提供外部服务的公共云服务。

2007 年，"云计算"一词开始迅速传播，IBM 和谷歌将其一些项目称为"云服务"。2008 年 6 月，IBM 在北京成立了大中华区云计算服务中心。2008 年 6 月，IBM 在北京建立了云计算中心，提供以下服务：云计算中心基础设施的现场设计和实施，对合格的云计算人力资源的支持，下一代数据中心服务的培训，以及云计算概念的快速实施和测试。2011 年，IBM 将其独立的云计算软件、硬件和服务部门分离出来，成立了 IBM 云计算业务部。到 2015 年，云计算已经成为 IBM 的主要业务计划之一。云计算成为了 IBM 的关键增长举措之一，促进了公司的持续转型，以创造更大的价值。2016 年，IBM 公司大幅扩展其公共云数据中心，在挪威、南非和英国等地开通了新的基础设施，IBM Cloud 现在可从全球六大洲的 50 多个地点访问。IBM 云现在提供与公共和私有云环境的无缝集成，其基础设施具有安全性、可扩展性和灵活性，足以提供量身定制的业务解决方案，使 IBM 云成为混合云的市场领导者。

第三节 云安全的架构体系

一、云安全架构体系概述

在系统地解决云安全技术之前，必须实施一个强大而全面的安全架构。云计算安全架构治理可以有效地部署一些关键的云计算安全技术，轻松满足云服务提供商、运营商、安全厂商和用户等对云计算生态系统的安全需求，并应对云环境中的各种安全威胁。

基于对云安全的理解和认识，我们提出了一个通用的云安全架构，在此基础上提出了主要的云技术，如图 3-8 所示。云安全架构分为三个领域：用户域、云服务域和监管域。用户域包含用户端安全技术，包括云计算端点的安全和云计算端点的身份管理技术。云计算主要包含 IaaS、NaaS、PaaS 和 SaaS 层面的云计算安全技术，其中需要考虑关键安全技术的实施。云计算的安全是一个特定的问题，它与整个云计算产业有关，必须从这个产业的整体角度来考虑。同时，该架构还构建了一个通用的云计算控制区，将安全技术应用于云计算控制，并控制用户域和云计算环境的活动。

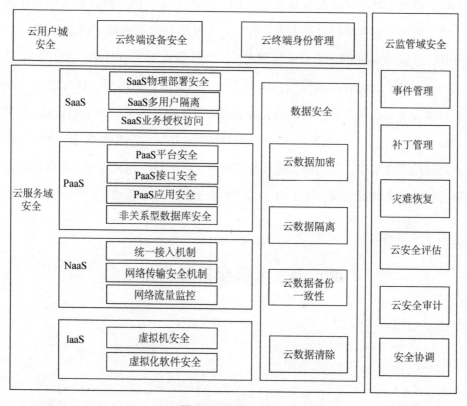

图 3-8　云安全架构

二、云服务域安全

（一）IaaS 安全

云供应商使用虚拟化技术来构建虚拟化服务器，可以显著提高 IT 效率和物理服务器的使用。虚拟化安全不能被忽视，因为它是 IaaS 层面上的一项基本技术。在这一节中，IaaS 的安全性将从虚拟机本身的安全性和虚拟化软件（虚拟化管理平台）的安全性来讨论，具体包括以下几点。

1. 虚拟机安全问题

虚拟机可能面临的典型安全问题如下：

（1）虚拟机逃逸问题。虚拟化技术实现了不同资源的快速和按需共享。在某些情况下，硬件资源可以在不重新启动虚拟机的情况下进行共享。多个看似自主运行的虚拟机很可能驻扎在同一物理主机上。在传统的物理机环境中，只要有足够的权限，所有在物理机上运行的应用程序都可以被"看到"并相互通信。然而，在虚拟机环境中，虚拟化软件的漏洞可能导致在虚拟机上运行的应用程序绕过底层主机。这种现象被称为"虚拟机越狱"。从理论上讲，虚拟机越狱是指攻击者闯入管理程序，获得对主机操作系统的访问权并控制主机上运行的其他虚拟机。这个问题可能是由管理程序中的漏洞或由虚拟机用户的恶意攻击造成的。如果一个虚拟机逃脱，攻击者可以攻击同一主机上的其他虚拟机，或者控制所有的虚拟机并发起远程攻击。在一个虚拟机逃脱后，整个安全虚拟化模型将完全崩溃，攻击者获得了对主机的完全控制。这就是为什么虚拟机越狱通常被认为是对虚拟机最严重的威胁。

（2）虚拟机嗅探问题。虚拟机之间的窥探对传统安全机制提出了新的挑战。由于同一台物理服务器上的虚拟机不必通过物理防火墙和交换机就可以相互访问，攻击者可以使用简单的数据包探测轻松读取虚拟机网络上的所有明文传输。然而，传统的安全设备仍然不能防止虚拟机的嗅探。

2. 虚拟化软件安全

虚拟化软件层直接在裸机上实现，并实现虚拟服务器的创建、操作和销毁。主机级虚拟化可以使用任何虚拟化模型来实现，如操作系统级虚拟化、半虚拟化或基于硬件的虚拟化。管理程序是这一层的核心，必须注意安全问题。

目前，市场上有多种 X86 管理程序（Hypervisor）架构，其中 3 个最主要的架构，如图 3-9 所示。

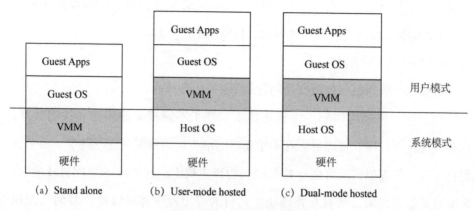

(a) Stand alone　　(b) User-mode hosted　　(c) Dual-mode hosted

图 3-9　Hypervisor 架构类别

管理服务器上运行的虚拟机的能力使管理程序成为攻击的自然目标。对管理程序的保护比人们想象的要复杂得多。虚拟机可以以许多不同的方式向管理程序发送请求，这些请求通常包括 API 调用。因此，API 通常是恶意代码的主要目标，所以所有的管理程序必须专注于保护 API，并确保虚拟机只提出经过验证和授权的请求。严格意义上的 HTTP，管理程序提供的 Telnet 和 SSH，禁用不必要的功能，将 Telnet 接口禁用为纯文本，并将管理程序的接口限制在只管理虚拟机所需的 API 上，关闭不相关的协议端口。此外，恶意用户可以利用 Hyprevisor 的漏洞来攻击虚拟机系统。由于管理程序在虚拟机系统中起着关键作用，针对它的攻击将严重影响虚拟机系统的安全运行，导致数据丢失和数据泄漏。

针对上述安全威胁，下面介绍 3 种虚拟化软件保护机制。

（1）虚拟防火墙。虚拟防火墙是一种专门在虚拟环境中运行的防火墙，如虚拟机，通常是一个管理程序，并过滤和控制虚拟机网络上的数据包。虚拟防火墙可以是主机管理程序上的一个内核进程，也可以是一个具有安全功能的虚拟交换机。

在管理程序中，虚拟机不直接连接到物理网络，通常只连接到一个虚拟交换机，而这个交换机又连接到一个物理网络交换机。在这种类型的架构中，每个虚拟机共享一个物理网卡和一个虚拟交换机，允许两个虚拟机之间直接通信，而不需要数据包通过物理网络连接并被硬件防火墙监控。解决这个问题的最好方法是创建一个虚拟防火墙或在所有虚拟机上安装一个软件防火墙，用虚拟防火墙保护管理程序。

（2）访问控制。访问控制是一种系统安全技术，它实现了定义的安全策略，并通过以特定方式显示对所有资源的访问请求进行控制。访问控制根据安全策略的要求决定对每个资源请求的访问是授予还是限制，有效地防止例如，非法用户访问系统资源和合法用户非法访问资源。通过在管理程序中实施访问控制机制，可以有效地管理虚拟机对物理资源的访问并控制虚拟机之间的通信。

虚拟化软件通常安装在一台服务器上。如果一个虚拟主机可以使用一个主机操作系统，这个主机操作系统不能包含不必要的角色、功能或应用程序。主机操作系统可能只使用虚拟化软件和重要的核心组件（例如，防病毒应用程序或备份代理）。为了避免在生产环境中添加操作系统，可以在一个专门的活动目录中为虚拟主机创建一个专门的管理域。这种类型的域允许域成员访问管理产品，而不必担心在主机服务器被盗的情况下暴露生产域。

目前，许多组织在其虚拟机上使用 vIDS/vIPS 软件，以通过分析网络数据或收集系统数据来监控虚拟机的安全。

（3）漏洞扫描。针对虚拟化软件的漏洞扫描是加强虚拟化安全的一个重要手段，虚拟化软件的漏洞扫描主要包括以下几个方面的内容：

①Hypervisor 的安全漏洞扫描和安全配置管理。

②虚拟化环境中多个不同版本的 Guest OS 系统的安全漏洞扫描，如虚拟机承载的 Windows（XP/2000/2003/Win7）系统、Linux（Ubuntu/Redhat）系统等。

③虚拟化环境中第三方应用软件的安全漏洞扫描。

④云计算环境下的远程漏洞扫描。

虚拟化软件的漏洞扫描系统逻辑结构，如图 3-10 所示。

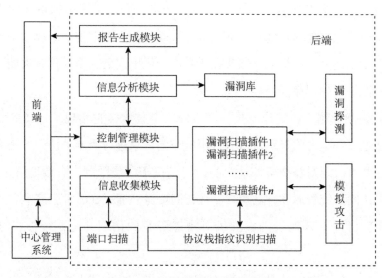

图 3-10　漏洞扫描系统逻辑结构

（二）NaaS 安全

在云环境中，云服务提供商不能忽视传统网络的安全问题，同时考虑许多新功能带来的安全挑战。因此，云供应商必须将网络安全作为一项服务提供给用户，并系统地考虑 NaaS 安全技术。首先，云环境的外部用户，特别是公共云环境，访问云系统必须实现一个通用的访问认证机制，以确保对云系统的访问控制。其次，在某些场景下，特别是在私有云环境中，用户的物理位置可能与用户所访问的云服务系统的位置相距数千公里，必须建立网络传输安全机制，以确保用户在访问期间得到端到端的保护。最后，还必须考虑网络流量监控机制，以便云服务提供商能够更好地实时监控物理网络流量，防止异常流量攻击。❶

1. 统一接入机制

云中的统一接入机制或用户访问和身份管理机制是指允许用户根据不同级别的一致定义的身份角色访问云平台上的资源的过程、技术和政策。适当使用身份管理可以提高云系统的运行效率，满足云服务在安全、隐私和数据保护方

---

❶ 宋俊苏. 大数据时代下云计算安全体系及技术应用研究［M］. 长春:吉林科学技术出版社, 2021.

面的安全需求。

统一接入机制包括以下几个特点。

（1）身份的有效管理。一个统一的访问机制支持用户账户的生命周期管理。用户身份的管理必须遵循账户的生命周期管理，账户可能是一个外部用户、一个系统或一个管理者。生命周期管理必须包括注册账户、授予角色权限、改变角色权限和从一般控制程序中删除账户。帐户的注册和变更也要经过类似的审批程序，通过引入用户组和集中的用户身份管理，提供集中的访问控制、集中的授权和集中的审计，可以促进这一过程。

（2）密码及认证管理。该机制必须建立统一的认证方案，以提高访问认证的安全性，并系统地管理不同用户级别的密码，可以根据云系统的安全策略来匹配相应的密码策略，如密码长度和复杂性。同时，云计算系统必须支持密码的同步和重设；云系统支持 LADP、数字证书认证、令牌认证、硬件绑定认证、生物识别认证、多因素认证等常用认证方式；系统支持多个应用程序的单点登录，并可设置单点登录的最大会话时间、最大空闲时间、最大缓存时间等；云计算支持不同类型和级别的系统、服务和端口的一种或多种认证方法组合，并有相应的认证级别，以满足平衡安全级别、成本和易用性的要求；云服务系统支持提供用户访问日志，存储用户访问信息，包括系统 ID、访问用户、访问时间、访问 IP、访问端点等标识。

（3）访问授权。系统支持根据身份和访问标准（如角色或访问控制列表）来使用系统资源；用户账户的访问权只适用于自然人，用户由其账户号码识别，每个用户有一个账户，每个账户属于一个人；系统支持集中的用户访问控制，具有基于用户、用户组和用户级别的集中的、分层的授权，从而控制用户可以进行的活动；云计算系统支持创建访问策略，个人用户对资源的访问权限是在策略中定义的；相应的访问控制列表是为特定的资源定义的，必须反映在虚拟化层中，例如，虚拟机的 IP 地址和端口号、访问时间等。使用的技术包括 RBAC、ACL 等。系统支持根据身份和访问标准（如角色或访问控制列表）来使用系统资源。

（4）审计。由云服务提供商提供的基于云的系统能够根据定义的访问策略及时监测和审计用户对公司或组织资源的访问情况。对用户账户的集中审计可以发现并阻止非法行为，如私人或受损的账户、用无效或虚假账户登录的尝试，以及用合法账户访问未经授权的资源的尝试。

（5）身份与访问管理 API：身份管理功能应通过支持 API 和实施 API 安全监控机制来实现，云安全管理员使用云安全监控器来监控系统行为，以便以可控方式使用 API，并阻止黑客操纵恶意应用程序进行非法 API 攻击。

2. 云环境下的网络传输安全机制

云计算的分布式特性意味着用户的物理位置和云系统资源的物理位置可能相距甚远，并通过公共或私人网络连接，而用户访问的数据往往是用户的关键业务数据或敏感的个人数据，为了保证用户在远程访问云系统资源过程中的安全，必须实现云环境中网络传输的安全机制，这是虚拟系统和数据管理系统等技术的典型——VPN 机制。

术语 VPN 是指在公共网络上创建一个私人网络的技术。VPN 中两个节点之间的连接不是传统专用网络所要求的端到端的物理连接，而是建立在公共网络服务提供商提供的网络平台基础上的逻辑网络，如互联网、ATM（异步传输模式）、帧中继等。

实施不安全的互联网通信机制的 VPN 必须支持实施安全机制，以实现安全的 VPN 通信。

（1）IPsec：IPsec（IP 安全）支持 IPv4 和 IPv6 网络，实现了 IP 级安全功能的"透明"实施，以及数据源的认证、完整性控制和保密性。它提供认证、完整性控制和保证数据源的保密性。

IPsec 在两个端点之间建立安全关联（SA），以实现安全数据传输；SA 定义了用于保护数据的协议和算法，以及 SA 的有效期等功能。IPsec 在发送加密数据时，会创建额外的头信息 AH、ESP 或 AH 与 ESP；额外的头信息和 AS 是 AS 的一部分。加密的凭证被封装在一个新的 IP 数据包中；在传输模式下，只有传输层数据（如 TCP、UDP、ICMP）被用来计算额外的头，额外的头和加密的传输层数据被插入原始 IP 头之后。IPSec 在两台主机、两台安全网关之间或一台主机和一个安全网关之间提供数据保护。两个端点之间可以创建多个安全协议，当与访问控制列表相结合时，IPsec 允许不同的安全策略应用于不同的数据流。由于安全责任是单向的，在两个端点之间通常有四个安全责任，每个端点有两个安全责任，一个用于发送数据包，一个用于接收数据包。

（2）GRE：GRE（通用路由封装）是一种通用路由封装协议，主要用于源路由和目的路由之间的隧道。GRE 隧道通常是点对点隧道，即隧道中只有一个源地址和一个目的地址。由于技术的进步，点对点的 GRE 隧道现在也可以使用 NHRP 跳路由协议来实现。

（3）加解密认证技术：为确保数据在 VPN 传输过程中的安全，不被未经授权的用户窃取或更改，通常在 VPN 隧道开始时进行加密，然后在结束时解密。

今天，大多数 VPN 服务使用 DES 和 3DES 密钥作为主要的加密和解密技术，而混合的公共单钥加密方案（即加密和解密用单钥加密，密钥传输用双钥加密）用于在网络上交换和管理密钥，这不仅提高了传输速度，也具有良好的保密性。

认证技术可以防止主动的第三方攻击。用户和设备在交换数据之前验证各自的数字证书，如果他们准备好了，就开始交换数据。最常见的用户认证技术是密码认证，而网络设备之间的认证是基于 CA 颁发的数字证书。目前主要的认证方法有：简单密码，如 CHAP 问题握手认证协议和 PAP 密码认证协议，以及动态密码，如动态标签和 X.509 数字证书等。

（4）密钥交换技术：IKE 是指 IPSec 所定义的密钥交换技术。IKE 协议使用对称和非对称加密方案和哈希函数来提供广泛的交换方法和相关功能。

IKE 定义了一种方法，允许各方相互认证，协商加密算法，并创建一个共同的会话密钥。IKE 的本质不是通过不安全的网络直接发送密钥，而是进行一系列的安全交换，通信各方最终计算出一个共同的密钥。

（5）访问控制技术：VPN 的基本功能是允许用户控制访问。VPN 服务提供商和终端网络数据资源提供商负责协商单个用户对特定资源的访问，从而实现基于用户的细粒度访问控制，确保数据资源得到最大限度地保护。

访问控制策略可分为选择性访问控制和强制性访问控制。选择性的访问控制是基于相关人员或群体的身份，通常被纳入管理系统，而强制性的访问控制是基于要使用的数据的敏感性。

3. 云环境下的网络流量监控

为避免网络攻击对云系统的危害，需要在网络行为分析的基础上，根据特定的安全策略对网络流量进行审计。审计的方法可以包括关键字、关键协议、关键数据来源等。

网络流量审计主要使用深度包检测技术（Deep Packet Inspection，DPI）和深度流检测技术（Deep Flow Inspection，DFI）。

（1）DPI 技术：DPI 是一种应用层流量检测和管理技术，通过分区等方式检测网络数据的来源或目的地。当 IP、TCP 或 UDP 数据包通过基于 DPI 的系统时，系统通过深度读取 IP 数据包的负载内容，重新组织 OSI 第 7 层协议中的应用层数据，以获得完整的应用内容。DPI 技术分析 IP 信息的第 4 层至第 7 层数据，以识别服务类型、用户的目标地址、用户的访问模式、终端类型和位置等信息。

（2）DFI 技术：在分析网络行为时，DFI 可用于补充 DPI。与 DPI 不同的是，DPI 用于将负载与应用水平相匹配，DFI 使用一种技术来识别基于流量行为的应用，即不同类型的应用出现在会话连接或数据流的不同状态，这被用作流量识别的特征。

（三）PaaS 安全

PaaS 是一种分布式环境，在这种环境中，软件被开发、测试、分发并作为一种服务通过互联网交付给用户。PaaS 可以建立在虚拟化的 IaaS 资源上或直接建立在数据中心的物理基础设施上。PaaS 为用户提供了一个软件栈，包括中间件、数据库、操作系统、开发环境等。那么通过用户的操作可以进行网络上面的远程开发、配置甚至是部署等步骤，最后能够在服务商供应的内部进行运行。那么，对于 PAAS 来说，需要着重对下面的四个方面重视起来。

1. PaaS 平台安全

这些应用是使用云服务提供商支持的编程语言或工具开发的，用户可以管理分布式应用和应用主机环境的配置，而不必管理或控制底层云基础设施，如网络、服务器、操作系统或存储。

为了保护 PaaS 层面的安全，云服务提供商应首先考虑保护 PaaS 平台本身。具体措施包括对 PaaS 平台使用的应用程序、组件或网络服务进行风险评估，及时发现应用程序、组件或网络服务的潜在安全漏洞，并及时实施补丁和行动以确保平台操作系统的安全。同时，有必要最大限度地提高信息的透明度，以促进风险评估和安全管理，防止黑客攻击。

2. PaaS 接口安全

PaaS 服务允许客户在服务器端安装他们创建的某些类型的应用程序，并通过不同的界面管理应用程序的配置及其计算环境。代码库封装了平台的基本功能，如存储、计算、数据库等，用户可以用它来开发应用程序，而编程模型决定了用户在云平台上开发的应用程序的类型，这取决于为平台选择的分布式数据模型。

由于客户端代码可能是恶意的，如果 PaaS 平台暴露了太多的可用接口，攻击者就可以利用它。例如，如果一个用户通过一个接口发送恶意代码，恶意代码可以使用 CPU 时间、内存和其他资源，并攻击其他用户，甚至可能攻击提供执行环境的平台。因此，必须特别注意 PaaS 平台界面的安全性。

云平台的用户界面安全是指确保用户能够安全地使用一系列的商业应用，并避免网络攻击的损害。当用户或第三方应用程序想要访问云平台上受保护的资源时，他们必须首先与云平台的认证服务器互动，使用他们所拥有的访问密钥和相应的访问密钥 ID，通过 API 端点进行认证和授权。如果认证成功，就可以访问云平台的受保护资源，或者云平台可以检索所处理的数据。为了防止来自网络的攻击，可以将 DDoS 防护的主要安全技术同时应用于云平台网元的 API 端点，并为云平台网元的 API 端点提供 SSL 保护机制，防止修改和删除用户隐私数据的中间人攻击。SSL 是大多数云安全应用的基础，许多黑客社区目前正在研究 SSL。PaaS 供应商应该采取一些技术措施来对抗 SSL 攻击。用户应确保他们有一个变更管理工具来正确配置应用程序或根据应用程序供应商的指示应用补丁，以便 SSL 补丁和变更程序能够及时发挥作用。开发人员必须熟悉云平台的 API 以及安全控制软件模块的实施和管理，了解用于配置应用程序认证和授权控制的安全对象和网络服务中封装的平台特定安全功能也很重要。

3. PaaS 应用安全

PaaS 应用安全是指在 PaaS 平台上运行的用户应用的安全保护。在多租户 PaaS 服务模式中，安全的基本原则是多租户应用的隔离。例如，云服务提供商需要在多租户模式下提供一个沙盒架构，其中平台运行时引擎的沙盒功能可以集中维护安装在 PaaS 平台上的应用程序的保密性和完整性，并监控新应用程序的 bug 和漏洞，从而使这些 bug 和漏洞不被用来攻击 PaaS 平台和违反沙盒架构。同时，云用户必须确保他们的数据只能被用户和商业应用访问。

4. 非关系型数据库安全

随着云计算的发展，云服务提供商除了实施传统的关系型安全机制外，还必须关注如何保障非关系型（NoSQL）数据库的安全。非关系型数据库储存了大量的视频、音频、图像和其他数据，并能够快速处理这些数据，具有高并发性和可扩展性等优势。鉴于 NoSQL 数据库的分布式性质，它们可以有多个服务节点。NoSQL 数据库有两个方面的安全性。

一方面，必须考虑到数据库内存储和服务节点的安全性。主要关注的是服务之间的访问安全，互动和数据库中数据的存储，包括内部服务的访问控制，文件的保密性和完整性，以及内部服务的可用性。

另一方面，必须考虑数据库客户端和服务器之间的安全性。主要关注的是与客户和服务器之间的访问和互动有关的安全问题，如外部用户的访问控制、访问数据的加密传输、数据传输的完整性、数据可用性等。访问控制一般比较重要，包括认证和用户认证。

对于 NoSQL 数据库的具体安全措施的实施，可以 HBase 数据库为例（HBase 是 NoSQL 数据库中安全功能最全面的产品），它可以实施 Kerberos 认证机制、并行处理器机制、ACL 行为控制机制等安全策略。同时，可以进行 NoSQL 数据库安全评估，对数据库的保密性、完整性和可用性进行评估和打分，这样内部管理员就可以了解 NonSQL 数据库的安全现状。

（四）SaaS 安全

SaaS 的概念和用法刊登在 2001 年 2 月美国软件与信息产业协会发布的白

皮书《战略背景：软件即服务》中。起初，Salesforce 公司将 SaaS 应用于客户关系管理行业。当时 SaaS 将应用软件统一部署在服务器上，用户根据自身的实际需求，通过互联网向其定购所需的应用软件服务，并按照定购服务的多少和时间的长短向其支付费用。

SaaS 安全主要包括 3 个方面，分别是物理部署安全、多用户隔离及业务的授权访问。

1. SaaS 物理部署安全

在 SaaS 模式中，用户数据和信息等都存储在 SaaS 服务器上，如果服务器出现故障或存储数据的服务器被黑客攻击，这些数据的安全就会受到威胁。因此，物理设施的安全性是确保 SaaS 安全的基本要求。

物理设施的安全涉及行政和技术两个方面。安全管理的重点是机房的环境安全，包括气体防火系统、恒温恒湿、用于防盗的电子网络锁、24 小时视频监控和专用监控、网络设备的带宽冗余和密码进入机房。存储在服务器上的数据的技术方面必须进行加密，在网络上传输数据时必须使用安全的通信协议。近年来，服务器负载平衡和防火墙、数据库集群和网络存储备份也已成为强制性技术。

2. SaaS 多用户隔离

对于 SaaS 服务而言，解决 SaaS 底层架构的安全问题关键在于，在多用户共享应用的情况下如何解决用户之间的隔离问题。

解决用户之间的隔离问题可以在云架构的不同层次实现，即物理层隔离、平台层隔离和应用层隔离。

（1）物理层隔离：在这种方法中，每个用户被分配单独的物理资源，以实现物理隔离。用户不必担心服务器的地理位置和性能，不同的用户可以要求不同的服务器分配，从而避免了用户之间的数据冲突，达到了隔离的目的。这种方法最容易实现，并提供更大的安全性，但在硬件成本和用户支持方面也是最昂贵的。

（2）平台层隔离：平台层位于物理层和应用层之间，其主要目的是对物理层提供的服务进行封装，以便用户能够更容易地访问底层服务。为了实现这一层的隔离，平台层必须能够满足不同用户的不同需求，并以映射的方式向不同用户提供信息。因此，平台层需要消耗更多的资源来汇总数据和用户请求，但与物理层的隔离方案相比，硬件成本更低，支持的用户数量也更多。

（3）应用层隔离：应用层隔离主要包括应用隔离和分割应用实例的沙盒方法。前者使用沙盒来隔离应用程序，每个沙盒代表一组相互隔离的应用程序，每组都有一组处理应用程序请求的后台进程。这种方法允许一个池中的进程数量固定，以最大限度地利用控制系统的资源。

在后一种情况下，应用程序本身必须支持多个独立的用户，但成千上万的用户可以使用应用程序的同一个部分，用户可以以可定制的方式定制应用程序。这种方法可以更好地利用资源，在配置上有更大的灵活性。

3. SaaS 业务授权访问

在传统的服务认证中，服务提供者负责整个服务交付过程，包括业务逻辑数据的管理、业务资源的存储以及业务资源的供应。当用户向服务提供者请求特定的服务时，服务提供者首先根据用户名和密码对用户进行认证，然后根据用户的凭证验证用户对所请求服务的访问权，最后根据用户的访问控制信息和业务逻辑信息分配服务资源，并向用户提供服务。

在云计算环境中，传统的许可方式有明显的缺点。第一，服务提供者向用户提供服务的效率很低。这是因为服务提供者在向用户提供服务之前，必须先从云服务提供者那里获得服务资源。第二，服务提供者的服务成本很高。这是因为服务提供者必须首先设计服务资源，然后才将其提供给用户。当用户数量较多时，服务提供商设计和提供资源的工作量很大，这需要增加服务提供商的资源投入，因此与服务提供商利用云服务实现较低的资源投入的目标相悖。第三，用户对企业资源的访问是有限的。用户只能通过服务提供者访问这些资源。

为了解决这些问题，可以利用云计算环境，让用户通过企业供应商授予的凭证直接访问云供应商，这种方法还可以保护企业供应商的用户数据。根据用户凭证的内容，用户可以通过两种不同的方法访问资源。

（1）服务提供商向签约人提供的访问信息包括业务资源信息、业务逻辑信息和访问控制信息。签约人可使用此类标识符直接访问云服务提供商，云服务提供商应根据此类标识符直接向签约人提供企业资源。

（2）用户从服务提供商收到的访问数据应包括业务资源信息，但不包括业务逻辑或访问控制信息。当用户通过该标识符直接访问云服务提供商时，云服务提供商首先根据该标识符从业务服务提供商处获得业务逻辑数据和访问控制数据，然后根据该业务逻辑数据和访问控制数据向用户提供业务资源。这些步骤描述如下：

用户向服务提供者请求资源信息。服务的资源信息可以是服务的不同资源的标识符；

服务提供者根据用户的应用向用户提供资源信息；

用户在请求访问企业资源时向云服务提供商提供企业资源的信息；

云服务提供商应确认用户的请求是否包括资源访问控制信息。如果没有身份信息，云服务提供商根据请求的资源身份信息获取相应服务提供商的身份信息，并向该服务提供商发送资源访问控制请求，其中资源访问控制请求包括用户的身份信息和服务提供商的资源身份信息；

服务提供商根据用户的凭证对用户的访问进行认证和控制，并向云服务提供商提供服务资源的访问控制信息。该资源访问控制信息包括商业资源的授权信息；

云服务提供商对收到的资源访问控制数据进行认证，并向经过认证的用户提供相应的企业资源。

对于上述两种不同的方法，第一种方法在访问企业方面相对有效，因为用户从企业提供商那里获得包含证书信息的凭证，所以减少了从云提供商那里获得凭证的需要。在第二种方法中，用户在访问服务方面有更大的灵活性，能够在任何地方、任何时间访问他们的凭证。这是因为用户获得的凭证相对简单，存储和传输要求低，云提供商从商业供应商那里获得用户的凭证，减少了凭证传输和盗窃的风险。

三、云终端域安全

云服务端点是云用户使用的设备，如服务器、台式机、笔记本电脑、平板电脑、手机等。云服务终端是提供对云服务的访问以及云用户与云服务平台之间的连接的设备。安全的云接入点可以更好地确保云用户对云平台的安全访问，同时减少未经授权的访问和对云平台的恶意攻击的可能性。

（一）云终端设备安全

第一，必须使用安全芯片、安全硬件/固件、安全终端软件和终端安全证书等技术来提高云终端的安全性，确保其不被非法修改，不被添加恶意功能，并确保其可追溯性。

第二，云终端应使用安全软件，如杀毒软件、个人防火墙和其他针对移动设备的恶意软件扫描和清除软件，以确保系统和应用软件的安全；安全软件应具有自动安全更新功能，允许打补丁和定期更新。

（二）云终端身份管理

在动态和开放的云计算系统中，终端可以以许多不同的方式使用云资源，身份管理不仅可以用来保护身份，也可以用来促进认证和授权过程。反过来，认证和授权可以确保在多租户环境中安全使用云服务。认证和授权服务的整合有助于防止因攻击和泄露漏洞造成的数据泄漏和身份盗窃。身份保护可以防止身份被盗，而授权可以防止对云计算资源（如网络、设备、存储系统和数据）的未经授权的访问。

随着身份管理技术的发展，云终端将应用强大的用户认证，将生物识别技术与基于网络应用的单点登录相结合。基于用户的生物识别认证比传统的用户名和密码更安全。用户可以使用配备在手机上的生物识别采集设备（如摄像头、磁感应器、指纹识别器等）来采集他们独特的生物识别器（如面部图像、手掌图像、指纹或声音）进行登录。另外，多因素认证结合了生物识别、一次性密码（OTP）和密码技术，为用户提供更安全的登录服务。为了给读者提供更多关于强认证的背景信息，下面将介绍几种典型的强认证技术。

1. 单点登录

单点登录是一种流行的用户认证解决方案，旨在提高用户登录的效率，减少网站的网络负荷，提高管理员的工作效率。单点登录的实现，首先需要多个网站建立一个网络凭证联盟，在这个联盟中，所有网站相互信任。身份联盟的专用身份管理供应商（IDP）提供统一的用户名和密码管理。普通用户只需登录一次就可以访问联盟中其他受信任的成员网站，而不必多次登录。单点登录使用户能够快速访问多个网站，而不必记住许多不同的用户名和密码。

在移动互联网领域，Orange 和 T-mobile 正在领导 Open ID Connect 的开发和实施，这是两个运营商为促进高带宽 N-API 的联合项目。该服务将主要用于一次性注册运营商的门户网络服务和第三方 SP 网络服务。Dialog Sri Lanka 推出了 Dialog connect，这项服务旨在为第三方网络应用提供单点登录解决方案，用户只需输入一次用户名和密码就可以在第三方网站上进行在线支付。

2. 多因素认证方案

使用两个或多个物理设备的用户认证，以提高用户识别过程的真实性和准确性。例如，计算机上的某些关键操作，如支付确认、注册确认等，需要一个独特的 OTP 认证码，由网站系统发送至移动终端，然后输入网站，从而保证了关键用户身份的真实性。

Dialog Sri Lanka 已经实施了 SMS-OTP 解决方案，以确保 Connect 会员服务用户的真实性和安全性。当用户登录账户时，注册的移动设备会收到一个一次性的访问代码，该代码被输入到 IT 网站，供连接用户登录。

3. 生物认证方案

为了确保用户认证过程的安全性，业界提出了一种使用生物识别技术来识别人的真实身份的方法。用户可以使用他们的生物识别数据，如指纹、声音、脸部、虹膜等，访问网站上所有相互信任的应用子模块，而不必记住密码，只需登录一次并通过采集设备输入生物识别样本即可。

将用户身份与生物识别技术联系起来，消除了传统密码认证方法的弊端。

在登录时使用用户的生物识别数据作为唯一的标识符，而不是传统的密码，因为生物识别数据是人体的自然特征，用户不需要储存这些数据；

由于生物识别特征是自然的，因此不需要在纸上登记，安全性大幅提升；

与传统密码相比，生物识别技术更难被复制、传播、伪造、破坏和破解；

生物识别器是私人和自然财产，所以账户不太可能被共享，避免了纠纷。

2011 年 5 月，Orange 推出了集成生物指纹识别器的智能设备，以确保消费者个人数据的安全，特别是对处于特殊情况的人。

基于云环境的现实，我们提出了一种基于生物识别密钥的移动设备单点登录解决方案，可以降低云服务提供商的网络负荷，提高云平台管理员的效率和云用户的登录效率，增强内部员工的云用户认证安全性。

该解决方案分为两部分：用户注册和一次性注册。

（1）用户注册流程：如果一个移动用户需要登录云服务提供商的某个网站并访问某项授权服务，第一次登录不可避免地需要注册新用户。注册流程如图 3-11 所示。

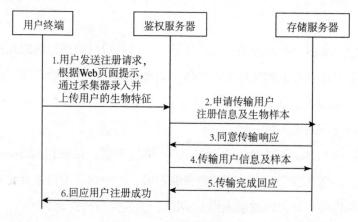

图 3-11　用户注册流程

本方案针对移动云环境下的特性，开发生物密钥技术作为云网络单点登录的用户身份认证手段，图 3-11 中的生物特征特指适合移动云环境下的人体生物特征，如指纹等。其中，采集器根据不同类型的特征可以设置相应的生物特征采集器，如指纹识别采集设备、webcam 等。鉴权服务器与存储服务器均位于云平台内。

终端用户注册流程如下：

一旦从移动终端发起用户注册请求会话，用户就可以填写凭证，并收集和下载几个记录的生物样本进行训练；

当取证服务器收到生物测定数据时，它启动了与凭证存储服务器的会话，并要求它将凭证和生物测定数据转移到存储服务器上；

存储服务器回应鉴权服务器同意传输的申请；

鉴权服务器将有关用户和生物样本的信息传输给存档服务器；

存储服务器向取证服务器回复，传输已经完成；

鉴权服务器回复，用户的注册是成功的，整个用户注册部分已经完成。

（2）用户 SSO 认证：用户 SSO 认证部分流程，如图 3-12 所示。票据服务器、应用服务器与鉴权服务器相同，均位于云平台内。

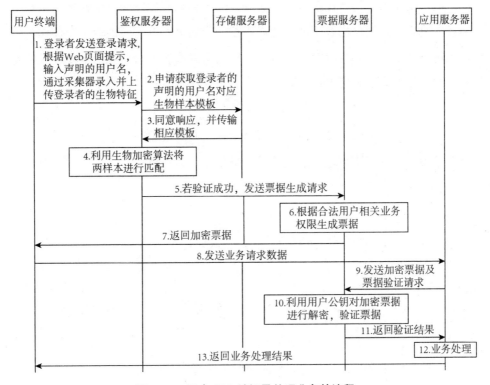

图 3-12　用户 SSO 认证及处理业务的流程

终端注册设备发送一个注册请求，该请求通过注册设备指定的用户名，而注册设备的生物识别样本则通过与终端相连的采集器上传到取证服务器；

认证服务器向存储服务器发送请求，以获得用户的用户名和生物识别样本；

存储服务器通过向取证服务器发送指定的用户名和样本模板进行响应；

认证服务器使用生物密钥将模板与测试样本进行匹配。如果结果相同，即记录者的身份与指定的身份相符，则认证成功，否则失败。

其中，生物密钥技术用于身份验证的具体方案如下。

①鉴权服务器对登录者提供的样本与若干个用户注册样本进行生物特征提取，每个生物样本都会得到一个对应的特征向量，该特征向量为生物样本的关键点或感兴趣点的坐标集合 $V = \{(x_1, y_1), (x_2, y_2), (x_3, y_3), \cdots, (x_n, y_n)\}$，即由一系列二元组组成的向量。由于本方案针对移动云环境，因此，以指纹作为生物特征是最佳的选择，通过移动智能终端自带的指纹采集传感器来采集登录用户指纹图像，并以指纹图像的关键点、感兴趣点坐标作为特征向量。此处，需要鉴权服务器建立鉴别攻击者或恶意软件尝试重复登录的安全机制。如果攻击者或者恶意软件连续登录 6 次不成功，则禁止该账号当日的登录行为。

②将用户若干注册样本对应的每对坐标二元组按顺序分为两组集合 A、B，分别存储关键点、感兴趣点的横坐标与纵坐标。利用拉格朗日插值方法拟合出一个多项式曲线解析式，有 $p(x) = a_0 + a_1 x + \cdots + a_{n-1} x^{n-1} + a_n x^n$，并将该式的系数 $A = \{a_1, a_2, \cdots, a_n\}$ 作为用户密钥 S。

③将用户密钥离散化为传统密钥的形式，即二值化字符串：首先，对 S 中系数 A 按大小排序，然后取出中值 a_m，则离散化后的系数 A′ 有：$A' = \left\{\left[\dfrac{a_i}{a_m}\right] | = 0, 1, 2, \cdots, n\right\}$，其中，[ ] 代表下取整运算。这样，系数 A′ 被转化为二值化后的字符串，即为密钥 S。

④对登录者的生物样本采取与注册时生物样本相同的特征提取方法，然后获取关键点或感兴趣点的坐标集合 $U = \{(x'_1, y'_1), (x'_2, y'_2), (x'_3, y'_3), \cdots, (x'_n, y'_n)\}$，然后获取登录者密钥 S_{test}。若 S_{test} 与 S 的值完全一致，说明登录者的身份与声明身份一致，登录成功；否则，登录失败，鉴权服务器发送登录失败消息至用户终端。

⑤若验证成功，发送票据生成请求至票据服务器侧；若失败，返回用户终端认证失败的消息。

⑥票据服务器根据该用户的相关信息生成包含用户业务权限的票据，用户信息可从存储服务器获取。

⑦票据服务器发送加密票据至客户终端。

⑧用户发送业务请求数据，发送用户终端私钥加密的票据。

⑨应用服务器向票据服务器发送用户的加密票据，并发送票据验证请求。

⑩票据服务器调用用户公钥对加密票据解密，读取该用户的业务权限及有效时长。

⑪票据服务器将以上用户验证信息发送至应用服务器。

⑫若验证成功，应用服务器进行相关业务处理。

⑬应用服务器返回业务处理结果至用户终端。

四、云监管域安全

（一）云安全管理平台需求

一般来说，云安全管理平台需满足以下需求。

1. 运行监控和管理

首先是监测流量大小、带宽、CPU 利用率、服务器状态、自动软件检测、存储空间、多服务器部署和托管应用程序的故障数量等的简单方法。其次是实现资源配置管理，为用户提供数据库、虚拟服务器注册、灵活性和动态 VPN 管理、软件配置、负载管理、软件审计、补丁管理、运行时间管理、配置管理、通知和警报。

2. 恶意行为监控

云安全管理系统可以识别用户不适当地、不正当地或恶意地使用云服务的情景，识别这些异常的用户，并防止其使用。例如，防止恶意用户利用云计算系统进行洪水攻击、发送垃圾邮件、非法强行破解密码等。

（二）云安全平台管理

1. 事件管理

为了提高云应用的风险防范和业务连续性，云服务提供商管理可能影响业务的意外事件。云安全管理平台提供了一个事件管理机制，包括监测、警报和响应事件。

监控：记录云服务的安全状态，预测异常情况并发出警报。

预警：开发一个全面的预警系统，提前发现部分可探测的风险，并将损失减少到可接受的水平。

响应：制定应急程序。应对过程应包括风险升级、风险评估、风险决策、风险沟通、风险预警、数据恢复、应用管理和警报总结。

为了解云服务是否在基础设施中按预期运行，需要持续监测，以记录云服务的安全状态，预测异常情况并发出警报。例如，对虚拟化平台和虚拟机的实时监控。事件管理机制有助于在问题发生前发现问题并及时作出反应。

2．补丁管理

为了减少安全漏洞，云安全管理平台可以规范和执行安全补丁管理。安全补丁管理流程至少包括四个部分：补丁分析、补丁测试、补丁部署安装以及补丁验证。补丁管理过程可以由一个漏洞或一个周期触发。

3．灾难恢复

云安全管理平台必须具备灾难恢复能力。当灾难发生时，如系统崩溃或数据丢失，必须尽快将系统恢复到安全状态，以确保系统正常运行。这种机制可以确保云服务的连续性，保证其不被中断。

4．云安全评估

云安全平台的云安全评估机制包括安全风险评估方法、安全风险测量定义系统和辅助安全风险评估工具。

安全风险评估方法学为云服务的安全风险评估提供技术工具和方法学支持。主要的安全风险评估技术包括漏洞分析技术、远程入侵测试技术、网络架构分析技术、IDS 采样和分析技术等。

《安全风险评估规范》规定了云服务安全风险评估的评估指标和规范。安全风险评估规范的具体内容包括风险评估框架和过程、风险评估的实施、信息系统生命周期各阶段的风险评估以及风险评估工作流程。

安全风险评估工具提供了一个评估工具和管理平台，用于评估与云计算应用领域的移动互联网相关的安全风险。风险评估工具的开发主要包括云计算中移动互联网应用空间的风险评估模块和云计算中移动互联网应用空间的安全评估模块的开发。

第四节　云计算数据与信息安全防护技术

一、云计算数据与信息安全防护

（一）数据安全管理与挑战

云计算数据生命周期安全的关键挑战如下。

（1）数据安全：保密性、完整性、可用性、真实性和不可抵赖性。

（2）数据位置：必须确保所有数据，包括所有副本和备份，都储存在合同、服务水平协议和法规允许的地理位置。例如，电子健康记录的使用属于欧盟条例的范围，对数据所有者和云服务提供商来说都是一个挑战。

（3）数据的删除或保留：数据必须被完全有效地删除，才能被视为销毁。这就要求技术能够确保云中的数据能够被完全有效地定位、删除或销毁，并确保数据被完全删除或变得不可恢复。

（4）来自不同客户的数据的混合：数据，特别是机密/敏感数据，在使用、存储或转移过程中，未经补偿检查不得与其他客户数据混合。数据的混合增加了安全和本地化的挑战性。

（5）数据备份和恢复计划（还原和恢复）：必须保证数据的可用性，必须制定有效的云备份和恢复计划，以防止数据丢失、意外覆写和损坏。不要以为云模式中的数据是有备份的，可以安全恢复。

（6）数据检索：法律体系将继续关注电子证据的检索，云服务提供商和数据所有者必须关注数据检索，并确保法律和监管机构要求的所有数据都能被检索到。在云环境中解决这些问题是非常困难的，需要管理、技术和必要的法律监督。

（7）数据聚合和推断：当数据驻留在云中时，人们对数据聚合和推断有额外的担忧，这可能导致敏感和机密数据的保密性被破坏。因此，在实践中，当数据被混合和汇总时，必须确保数据所有者和利益相关者的利益得到保护，哪怕是最小的损害也要避免发生（例如，医疗数据与姓名混合，医疗数据与其他匿名数据混合，两边都有交叉字段）。

（二）数据与信息安全防护

云服务中用户数据的传输、处理和存储都是相关的。在典型的应用环境中，如有多个租户和薄型终端的环境，用户数据的安全威胁更大。为了满足云计算环境下的安全保护要求，必须通过应用数据隔离、访问控制、加密传输、安全存储和剩余数据保护等技术手段来确保云用户的安全和隐私，以保证用户数据的可用性、保密性和完整性。

具体的数据和信息安全保护可以分为以下六个方面。

1. 数据安全隔离

物理隔离、虚拟化和多功能性可用于在不同租户之间隔离数据和配置数据，以保护每个租户的数据安全和隐私，这取决于应用的具体需求。

2. 数据访问控制

数据访问控制可以使用实时身份认证、权限认证和证书认证来防止用户之间未经授权的访问。例如，默认的访问控制策略"拒绝所有"可以用来明确地打开相应的端口，或者在数据访问请求到达时激活相应的访问策略。逻辑边界访问控制策略可以在虚拟应用环境中实现，例如，通过加载虚拟防火墙和其他手段来提供细粒度的策略来控制虚拟机之间和虚拟组内的数据访问。

3. 数据加密存储

加密数据是确保其受到保护的重要方式，因为即使数据被非法窃取，对窃贼来说也只是一连串的加密代码，他们无法知道数据的确切内容。在选择加密算法时，应采用加密强度高的对称加密算法，如 AES、3DES 等国际通用算法或中国政府的商用加密算法 SCB2 等。关于加密密钥管理，需要建立一个集中的用户密钥管理和分配机制，以确保高效和安全地管理和维护用户数据存储。对于云存储服务，云计算系统应支持提供加密服务，以便对数据进行加密存储，防止他人非法窥探；对于虚拟机等服务，建议用户在下载和存储重要数据之前自行加密。

4. 数据加密传输

在云计算应用中，数据在网络上的传输是不可避免的，因此确保数据传输的安全性也很重要。数据传输的加密可以在链路、网络、传输和其他层面实现，使用网络传输加密技术来确保网络上传输的数据的保密性、完整性和可用性。对于管理数据的加密传输，可以使用 SSH 和 SSL 为云计算系统中的维护和管理数据提供加密通道，以确保维护和管理数据的安全。IPSec VPN、SSL和其他 VPN 技术均可用于用户数据的加密传输，以提高用户数据在线传输的安全性。

5. 数据备份与恢复

无论数据存储在哪里，用户都必须仔细考虑数据丢失的风险。快速的数据备份和恢复对于应对云平台上的意外系统故障或灾难至关重要。例如，在虚拟化环境中，必须支持基于磁盘的备份和恢复，以实现虚拟机的快速恢复，必须支持完整和增量的文件级备份，必须保存增量变化以提高备份效率。

6. 剩余信息保护

由于用户数据存储在一个共享的云平台上，今天分配给一个用户的存储空间明天就可以分配给另一个用户，所以需要对剩余的数据采取良好的安全措施。这就在一定程度上要求储存资源需要着重关注新用户，那么就需要将所有信息消除，并在存储的用户文件删除后，对对应的存储区进行完整的数据擦除或标识为只写（只能被新的数据覆写），防止被非法恶意恢复。

二、云计算应用安全策略部署

（一）公共基础设施云安全策略

云服务提供商的公共云基础设施主要是基于向用户提供租赁服务的云计算平台的 IT 基础设施，例如，IDC。这种类型的云服务仍然是基于传统的 IT 环境，与传统的 IT 环境相比，其安全风险没有本质的不同。另外，在云计算中引入云服务模式、商业模式和新技术给服务提供商带来的安全风险比传统的IT 环境更大。

公共云基础设施服务必须关注安全问题，如确保云平台的安全，在多租户模式下保护用户数据，管理用户安全，以及法律和监管合规。由于公共云平台承载了大量的用户应用，因此确保云平台的安全和高效运行非常重要。在公有云托管的典型多租户应用环境中，隔离用户数据的能力直接关系到有效保护用户安全和隐私的能力；法律和法规遵从也是一个非常重要的考虑。作为云服务提供商，在向公众提供服务时，必须遵守相关的法律和监管要求。

虽然云服务仍在不断发展，但云服务提供商要采用全面的安全功能和技术要求并不容易，随着具体业务应用的发展，需要采取分阶段的安全实施和管理方法。安全实施的关键战略可能包括基础安全防护、数据监管风险规避、安全增值服务提供 3 种。

1. 基础安全防护

建立公共云基础设施安全体系，确保云平台的基本安全，主要包括中心云网络、主机站和管理终端等基础设施资源，建立完善的安全防护体系，建立云平台特有的用户管理、身份认证和安全验证体系。对于一些关键的应用系统或 VIP 客户，可以考虑引入灾难准备系统，以进一步提高其应对意外安全漏洞的能力。

2. 数据监管风险规避

国际社会尚未就日益全球化的云服务中的跨境数据存储、传输和交付的政策形成一致观点，而对于如何评估和赔偿安全事件造成的损失，可能存在更大的分歧。因此，云服务提供商需要在其商业合同中定义合理的管辖权和服务水平协议，以及运营管理和业务合规系统。为避免不必要的商业风险，云服务提供商应在其商业合同中定义合理的性能和服务水平协议，并规范其业务管理系统和商业合规。

3. 安全增值服务提供

基于实施基础设施及安全系统的系统将进一步提高用户的合规性，为用户提供可选的增值应用、信息和安全服务，并提高安全服务的商业价值。通过安全报告和工具使安全可视化，也可以改善用户对安全的看法。

（二）企业私有云安全策略

许多大中型公司和机构仍然不相信公共云服务的安全性，而是坚持削弱对数据的直接控制。因此，他们正在改善服务质量、成本控制和核心活动的自动化管理，主要是通过创建自己的私有云服务。通过创建私有云，组织可以完全控制他们的数据和资源，提高数据安全性、监管合规性和服务质量，并促进现有应用程序的整合。这使他们能够获得云计算的好处，同时管理自己的云架构。通常情况下，私有云服务部署在企业内部，与公共云服务相比，用户可以更直接地控制物理甚至数据安全。因此，私有云的安全策略通常比公共云的安全策略简单。这一方面是由于私有云通常部署在企业网络上，并不完全向互联网开放，另一方面是由于私有云在用户和顶层应用管理方面比公共云更加同质化，这使安全策略更加一致。

然而，由于私有云服务通常承载着日常的业务流程或重要的信息系统的作用，其安全性和安全稳定的运行对正常的业务运作至关重要。在为私有云开发安全系统时，还必须满足以下要求：在网络和虚拟化层面实施安全策略，对私有云平台上的操作系统、应用程序和用户进行安全管理，安全审计、入侵防御和其他层，以及良好的基本安全保护。

（1）与现有安全政策的兼容性：私有云通常是分阶段实施的，而不是一下子就完成的。因此，私有云的安全架构能够与其他安全基础设施交换和共享安全政策，以满足公司的一般安全政策要求。

（2）具有安全机制：必须对关键的应用程序和重要的业务数据进行定期备份，并制定适当的应急计划，以便私有云能够从意外的安全漏洞中迅速恢复，甚至恢复到传统的 IT 应用程序平台。

第四章　云计算平台与云存储虚拟化技术

虚拟化技术和云计算实际上是相互作用的，云计算涉及一个站点，有虚拟化，可以说虚拟化技术是实现云计算的关键，没有虚拟化技术，就谈不上云计算的实现。因此，虚拟化和云计算是密切相关的。虚拟化的发展使云计算成为可能，而云计算的发展也促进了虚拟化技术的进一步发展和完善。

第一节　云计算平台内容分析

一、Microsoft 云计算平台

微软的商业模式建立在 PC 时代，而在开源商业模式的时代，微软认识到了这种情况，抓住了机会，推出了自己的基于云的操作系统。在 2008 年的 PDC 年会上，微软的首席软件架构师 Ray Ozzie 大张旗鼓地宣布了微软的云计算战略和云计算平台——Windows Azure 服务平台。2014 年 3 月底，微软中国宣布，世纪互联将负责在中国大陆的公共云中托管微软的 Windows Azure 平台和服务。Windows Azure 的主要目的是为开发者提供一个平台，以创建可以在云服务器、数据中心、网络和个人电脑上运行的应用程序。

Windows Azure 提供了一种以云技术为核心的软件+服务的计算方法。这就是 Azure 服务平台的基础。微软 Azure 服务平台包括一套在微软数据中心网络上的存储、计算和网络的基础设施服务。Azure 服务平台使开发者能够创建在

云中运行的应用程序，并扩展现有的应用程序以利用云的性能。图4-1 说明了微软 Azure 服务平台的整体架构。

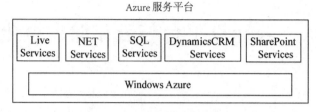

图 4-1　微软 Azure 服务平台

（一）Windows Azure

Windows Azure 是 Azure 服务平台的底层部分，它是由一套基于云计算的操作系统提供云端线上服务所需要的作业系统与基础储存和管理的平台。这也是微软实施云计算战略的一部分。Windows Azure 包括五部分，如图 4-2 所示。

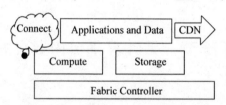

图 4-2　**Windows Azure 的体系架构**

（1）Compute：Azure 计算服务提供在 Windows Server 上运行应用程序。应用程序可以使用 C#、VB、C++、Java 等语言去开发。

（2）Storage：用来存储大的二进制对象，提供 Azure 应用程序的组件间通信用的队列。Azure 应用程序和本地应用程序都可以用 RESTful（Representational State Transfer，表征状态转移）方法来访问该存储服务。

（3）Fabric Controller：Azure 应用程序运行在虚拟机上，其中虚拟机的创建由 Azure 最核心的模块 Fabric Controller 来完成。除处理创建虚拟机和运行程序外，Fabric Controller 还监控运行实例。实例可以有多种原因出错，比如程序抛出异常、物理计算机停止运行等情况。

（4）Content Delivery Network：把用户经常访问的数据临时保存（Cache）在距离用户较近的地方可以大大加快用户访问这些数据的速度。另外 Azure

CDN 可以临时保存大的二进制对象。

（5）Connect：Azure 应用程序通过 HTTP、HTTPS、TCP 与外部的世界交互。但 Azure Connect 支持云应用程序和本地服务的交互。比如通过 Connect 可以使云应用程序访问存储在本地数据库内的数据。

（二）SQL Azure

SQL Azure 是微软的关系型云数据库，以 SQL Server 技术为基础，主要为用户提供数据库应用。SQL Azure 数据库简化了多个数据库的部署和采用，消除了开发人员安装、设计数据库软件、更新或管理数据的需要。同时，SQL Azure 为用户提供了高可用性和内置容错功能。

用户以与传统 SQL Server 环境相同的方式访问 SQL Azure，通过 SQL Client 或通过 ADO. NET 数据迁移公约使用 SQL Azure。当然，SQL Azure 数据服务也有一些独特之处，例如，SQL Server 不支持 CLR、位置数据和一些系统管理功能。

SQL Azure 还为用户提供了一些传统数据管理系统所没有的好处。首先，由于数据托管在云端，云端管理系统提供定期的数据管理，将用户从数据库管理和维护中解放出来，不再需要定期的数据库备份和打补丁。其次，云环境为用户提供了一个访问数据的通用接口，因此他们不必担心他们的数据在哪里。在当前版本的 SQL Azure 服务中，每个数据库的最大尺寸是 5~10GB。如果应用数据小于这个限制，可以存储在一个数据库中，否则系统会创建多个数据库，将应用数据分成几个数据库分别存储。在传统情况下，应用程序需要知道使用的是哪个数据库，还需要知道数据在各个数据库之间是如何分布的。最后，通过 SQL Azure 服务，系统将复杂的操作封装在多个底层数据库中，将用户发送的数据操作分配给每个数据库执行，然后将执行的结果汇总并返回给用户。另外，使用 Azure SQL Services 的应用程序则从比单一传统数据库更强大的服务中受益。与 Windows Azure 数据服务一样，SQL Azure 服务中的每个数据副本都存储在不同的位置。当数据的一个副本发生故障时，可以从其他备份中恢复。同时，SQL Azure 服务确保多个备份中的数据是一致的，如果数据库更新操作返回一个成功的消息，这意味着所有的备份都已成功更新。

简单、高效和具有成本效益，SQL Azure 服务提供了一个具有高度可扩展性、控制和可靠性的数据管理服务。随着云计算技术的成熟和发展，新的需求不时出现，要求不断丰富和加强 SQL Azure 服务，以实现云计算环境下的计算。

（三）Live 服务

Live 服务是一套构建模块，用于在 Azure 服务平台内管理用户数据和应用资源。实时服务为开发者提供了一个简单、可用的丰富体验的门户，并将这些应用与多个数字设备上的最广泛的在线受众联系起来。

Live 服务可以存储和管理 Windows Live 用户的数据和联系人，并在用户的设备之间同步 Live Mesh 文件和应用程序。微软 Live Mesh 是一个结合了软件和服务的平台，通过数据中心在网络上无缝同步和分享文件和应用程序。它允许为数字设备和网络创建应用程序。

还有 SharePoint 和 Dynamics CRM 服务。它提供以商业内容、协作和快速发展为导向的云服务，以加强与客户之间的黏度。❶

二、Amazon 云计算平台

亚马逊是一家大型电子商务公司，多年来建立了广泛的基础设施并积累了先进技术，使其成为云计算的主要参与者。此外，亚马逊还不断创新和发展，提供了许多新的且有用的云服务，吸引了巨大的用户群。这些云服务共同构成了亚马逊的云平台——亚马逊网络服务（AWS）。

（一）Dynamo

在网络服务出现的时候，大多数平台使用关系型数据库来存储数据，但由于大多数网络数据是半结构化的，数据量巨大，关系型数据库已无法满足其存储需求。因此，许多服务供应商设计和开发了自己的归档系统。其中，Amazon Dynamo 是一个非常有代表性的存储架构，在许多 AWS 系统中被用作空间管理组件。

---

❶ 李旭晴，阎丽欣，王叶. 计算机网络与云计算技术及应用［M］. 北京:中国原子能出版社，2020.

亚马逊是世界上最成功的电子商务供应商之一，其系统每天都会收到来自世界各地的数百万次服务请求。亚马逊平台的基本架构，如图4-3所示。为了满足稳健性的需要，亚马逊平台采用了完全分布式的分散架构。底层存储架构之一的 Dynamo 也采用了同样的分布式模型。

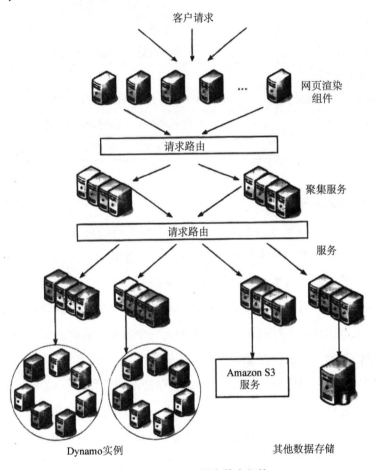

图 4-3　Amazon 平台基本架构

Dynamo 只支持简单的键/值方式的数据存储，不支持复杂的查询，适用于Amazon 的购物车、S3 等服务。Dynamo 中存储的是数据值的原始形式，即按位存储，并不解析数据的具体内容，这也使 Dynamo 几乎可以存储所有类型的数据。

Dynamo 在设计时被定位为一个基于分布式存储架构的，高可靠、高可用且具有良好容错性的系统。Dynamo 设计时面临的主要问题及所采取的解决方案，如表 4-1 所示。

表 4-1　Dynamo 需要解决的主要问题及解决方案

问题	采取的相关技术
数据均衡分布	改进的一致性哈希算法
数据备份	参数可调的弱 quorum 机制
数据冲突处理	向量时钟（Vector Clock）
成员资格及错误检测	基于 Gossip 协议的成员资格和错误检测
临时故障处理	Hintedhandoff（数据回传机制）
永久故障处理	Merkle 哈希树

（二）Amazon S3

亚马逊简单存储服务（S3）是一个云平台提供的可靠在线存储服务。S3 允许个人用户将他们的数据放在一个存储云上，他们可以通过互联网访问和管理。同时，其他亚马逊服务也可以直接访问 S3。S3 由两部分组成：一个对象和一个存储容器。对象是最简单的存储介质，包含对象本身的信息、密钥、描述对象的元数据和访问控制策略。一个桶是一个对象的容器，每个桶可以包含无限数量的对象。目前，存储桶暂不支持嵌入。

作为一种云存储服务，S3 具有与本地存储不同的特点。S3 是一种随用随付的服务，它允许用户节省数据服务的费用，可以单独使用或与其他亚马逊服务结合使用。云平台上的应用程序可以通过 REST 或 SOAP 接口访问 S3 的数据。作为一个 REST 接口的例子，每个 S3 资源都有一个独特的 URI，应用程序可以通过向指定的 URI 发送 HTTP 请求来上传、下载、更新或删除数据。然而，用户必须意识到，S3 作为一种分布式归档服务，在目前的版本中还存在一些缺陷，如数据交易的网络延迟和缺乏对文件重命名、部分更新的支持等。作为一种网络存储服务，S3 适用于在一次写和读的操作中存储大型数据对象和多个数据对象，例如音频、视频和图像文件等多媒体文件。

数据安全性和可靠性是云计算中两个常见的问题。S3 使用三种机制来保护数据：账户认证、访问控制列表和查询字符串认证。当用户创建 AWS 账户时，系统会自动分配一个密码和密码密钥对，并使用密码来签署查询，然后在服务器端进行验证，完成认证。访问控制策略是 S3 使用的另一种安全机制，用户可以使用访问控制列表来定义对数据（存储对象和容器）的访问权限，例如数据是公开的还是私有的，等等。即使在同一公司内，不同的角色也可以看到相同的数据，S3 支持使用访问规则来限制数据访问。通过给公司内部员工分配角色，可以很容易地定义对数据的访问权。例如，管理员可以查看整个公司的数据，部门经理可以查看本部门的数据，而普通员工只能查看自己的数据。查询字符串认证方法被广泛用于通过 HTTP 请求或浏览器访问数据。为了确保数据服务的可靠性，S3 采用了冗余的备份存档机制。所有存储在 S3 中的数据都在其他地方进行了备份，以确保部分数据中断时，不会导致应用程序崩溃。在后台，S3 通过将最新的数据与所有受影响的数据的备份同步，确保不同备份之间的一致性。

（三）EC2

亚马逊的弹性计算云（EC2）是一个系统，允许用户租用基于云的计算机来运行他们需要的应用程序，并提供基础设施即服务（IaaS）的服务层。EC2提供定制的云计算功能，旨在通过提供网络服务，简化开发人员的可扩展计算，亚马逊为 EC2 提供一个简单的网络服务接口，以便用户能够轻松访问和配置资源。用户以虚拟机为基础向亚马逊租用服务器资源，并对其计算资源进行完全控制。此外，亚马逊以"立即购买"的模式运作：获取和启动一个服务器实例只需几分钟，并且可以迅速扩大规模以满足不断变化的 IT 需求。

亚马逊 EC2 的好处如下：它在 AWS 云中提供可扩展的计算能力；它允许用户快速开发和部署应用程序，同时避免硬件的前期投资；亚马逊 EC2 允许用户启动尽可能多的虚拟服务器，配置安全和网络连接，并管理尽可能多的存储；亚马逊 EC2 为用户提供以下功能。

（1）虚拟计算环境，也称为实例。

（2）实例的预配置模板，也称为亚马逊系统映像（AMI），其中包含用户的服务器需要的程序包（包括操作系统和其他软件）。

（3）实例 CPU、内存、存储和网络容量的多种配置，也称为实例类型。

（4）使用密钥对实例的安全登录信息（在 AWS 存储公有密钥，在安全位置存储私有密钥）。

（5）临时数据（停止或终止实例时会删除这些数据）的存储卷，也称为实例存储卷。

（6）使用 Amazon Elastic Block Store（Amazon EBS）的数据的持久性存储卷，也称为 Amazon EBS 卷。

（7）用于存储资源的多个物理位置，如实例和 Amazon EBS 卷，也称为区域和可用区。

（8）防火墙，让用户可以指定协议、端口，以及能够使用安全组到达用户的实例的源 IP 范围。

（9）用于动态云计算的静态 IP 地址，也称为弹性 IP 地址。

（10）元数据，也称为标签，用户可以创建元数据并分配 Amazon EC2 资源。

（四）SimpleDB

亚马逊 SimpleDB 的使命是成为一个非关系型的数据存储服务，其特点是灵活性和对应用的适应性。它与 S3 有很大区别，S3 主要用于存储非结构化数据，而亚马逊 SimpleDB 主要用于存储结构化数据。开发人员的首要任务是通过网络服务存储和查询数据元素，把其余的工作交给亚马逊 SimpleDB，它不受关系型数据库的严格要求约束，具有更大的可用性和灵活性，大大减少甚至消除了管理负担。通过后台的 Amazon SimpleDB，它还可以自动创建和管理多个站点的分布式数据副本，使数据的可用性和持久性得到极大改善。

图 4-4 所示的 SimpleDB 操作流程允许用户在注册和登录后，创建一个域（数据库容器）并向域中添加记录（元素，由属性和值组成的实际数据对象），然后查看或编辑域中的记录。当用户不再需要存储的数据时，可以删除该域。

图 4-4　SimpleDB 的操作流程

（五）SQS

亚马逊简单队列服务（SQS）是一种消息排队服务，用于在分布式应用程序的组件之间发送数据，通常分布在几台计算机甚至网络上。这就形成了一个具有一定规模的可靠的分布式系统，并且单个系统组件的故障并不影响整个系统的运行。

消息和队列是 SQS 实现的核心。消息是可以存储在 SQS 队列中的文本数据，由应用程序通过 SQS 公共接口添加、读取和删除。队列是一个消息存储，为消息分配和访问控制提供配置选项，而 SQS 是一个支持并发的消息排队服务，因此几个组件可以在一个队列中同时操作，例如在同一个队列中发送或读取消息。一旦一个组件处理了一个消息，它就被锁定并隐藏起来，不让其他组件访问和处理，而队列中的其他消息对每个组件来说仍然可用。

SQS 成功地使用了一个分布式架构，即每个信息以分布式方式存储在不同的机器上，并可能存储在不同的数据中心。这种分布式存储策略保证了系统的可靠性，但它与集中管理的队列也有区别，分布式系统设计者和 SQS 用户必须充分了解。第一，SQS 并不严格遵循消息的顺序，这意味着第一个到达队列的消息并不是第一个被看到的；第二，在分布式队列中处理的消息并没有被完全处理，可能还在其他队列中，所以消息被多次处理；第三，由于是分布式传输，用户可能不会收到整个消息；第四，消息的传递可能有延迟，不能确保在传输后立即被其他组件看到。

三、Google 云计算平台

谷歌在全球开创了云计算，且目前是世界上最大的云计算用户。谷歌的云计算技术实际上是为谷歌特定的网络应用而定制的。为了应对其内部网络数据的巨大规模，谷歌提出了几种云计算解决方案，主要是分布式计算技术 MapReduce、分布式文件系统 GFS 和非结构化存储系统 BigTable。

（一）系统架构

GFS 的系统架构，如图 4-5 所示。GFS 将整个系统的节点分为三类角色：Client（客户端）、Master（主服务器）和 Chunk Server（数据块服务器）。Client 是 GFS 提供给应用程序的访问接口，Master 是 GFS 的管理节点，Chunk Server 负责具体的存储工作。

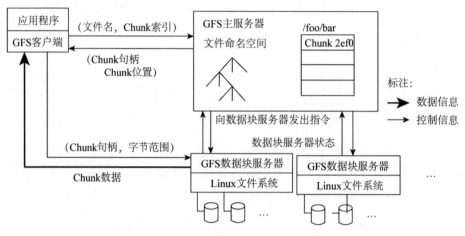

图 4-5 GFS 的系统架构

GFS 的设计是将控制流与数据流分开，在客户和最终用户之间只有控制流，没有数据流，这有效地减少了最终用户的负担。由于文件被分为多个块，并以分布式方式存储，客户端可以同时访问多个块服务器，在系统中实现高 I/O 并行性，提高了系统整体性能。

谷歌一直致力于针对不同应用的特点改进和简化 GFS 的设计，以实现成本、可靠性和性能之间的平衡。它有采用中心服务器模式、不缓存数据、在用户态下实现、只提供专用接口等特点。

1. 采用中心服务器模式

GFS 采用中心服务器模式管理整个文件系统，简化了设计，降低了实现难度。

2. 不缓存数据

由于实际原因，GFS 文件没有被缓存。从本质上讲，客户端主要实现了连续的顺序读写，这大大减少了重复读写的次数，所以很明显，在这种情况下，文件缓存的优先级很低；对于存储在主站的元数据，GFS 采用了缓存策略。这是因为，一方面，主站经常要处理元数据并直接存储在内存中；另一方面，它使用压缩来减少数据所占用的空间，这大大减少了内存消耗。

3. 在用户态下实现

文件系统是操作系统的一个重要部分，通常位于操作系统的底部（内核空间）。在内核空间实现文件系统可以更好地与操作系统本身结合，并提供一个符合 POSIX 标准的向上的接口。然而，决定在用户模式下实施 GFS 主要是出于以下原因：

（1）在用户模式下，可以使用系统提供的 POSIX 编程接口来访问数据，而不必了解操作系统内的实现机制和接口，从而降低了实现的难度，并使之普遍化。

（2）POSIX 接口的特点是灵活和强大，因为它允许在运行时自由选择多种功能，没有任何内部编程限制。

（3）用户模式有更多的故障排除工具，而内核模式使故障排除更加困难。

（4）在用户模式下，Master 和 Chunk 服务器作为并行进程运行，没有一个进程影响到整个操作系统，操作系统得到了充分优化。另外，如果内核空间没有得到适当的控制，不仅操作的效率会降低，而且整个系统的效率也会大大降低。

（5）在用户模式下，GFS 和操作系统独立运行，它们之间的耦合度较低，使得执行单独的 GFS 和内核更新更加容易。

4. 只提供专用接口

典型的分布式文件系统提供了许多与 POSIX 兼容的接口，并为 GFS 设计了一个专用接口。其优势在于：

（1）实施难度较小。常用的符合 POSIX 标准的接口更新功能是在内核级实现的，但 GFS 可以在应用级实现。

（2）独立的接口可以根据应用提供特定的支持。

（3）特定的用户界面允许客户端、终端用户和信息服务器之间的直接互动，这有利于操作，且有效地减少了在不同情境下的切换，提高了效率。

（二）系统管理技术

GFS 是一个分布式文件系统，由软件和系统硬件组成的完整解决方案，GFS 包括几个关键技术和相应的系统管理技术，以支持 GFS 的整体运行，这

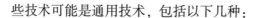

些技术可能是通用技术，包括以下几种：

1. 大规模集群安装技术

由于 GFS 安装集群的节点数量非常多——目前最大的集群有 1000 多个节点——谷歌数据中心处理数据的能力非常大，运行的机器数量也非常多，所以 GFS 系统必须快速安装和部署系统升级以使节点快速运行，这需要足够的技术支持。

2. 故障检测技术

GFS 是一个为不可靠的廉价计算机建立的文件系统。由于节点数量众多，故障是非常常见的，需要集群监控技术来尽快发现和识别故障的区块服务器。

3. 节点动态加入技术

当添加一个新的 Chunk 服务器时，如果先安装它，那么就很难扩展系统。如果能够简单地连接裸机，让系统自动购买、安装和部署，将大大减少与维护 GFS 有关的工作量。

4. 节能技术

数据显示，服务器的耗电成本高于最初的购买成本。因此，谷歌采用了各种机制来减少服务器的功耗，如更换服务器主板，使用电池而不是昂贵的 UPS 系统来改善功耗。在"数据中心"博客上的一篇文章中，里奇·米勒指出，这种设计使谷歌实现了 99.9% 的 UPS 使用率，而传统数据中心的使用率为 92%~95%。

（三）分布式存储服务

GAE 提供基于 BigTable 技术的分布式存储服务，支持结构化数据的查询和更新功能，并提供交易处理以确保数据一致性。该服务可随应用数据的大小而扩展，以满足应用不断变化的存储需求。分布式存储服务允许应用程序通过 Java 的 JDO/JPA 接口或 Python 的标准数据库接口访问和操作数据。与传统的关系型数据库相比，分布式存储的优点是成本低，支持可扩展性、并发性、易于管理。

在一个分布式存储数据库中，SBM 中的每个实体都有一个全局唯一的键值。实体键的值可以是描述实体之间关系的属性、实体类型、应用名称或系统分配的数字实体标识符。实体标识符由实体属性表示，标识符的值可以从数据库中自动生成，或由应用程序本身管理。实体属性可以是简单的数据类型，如整数、浮点数、字符串、日期、二进制数据，也可以是对其他实体的引用。在分布式系统中，可以为存储在同一数据库实例节点上的一组实体创建多个实体，提高创建和更新数据的性能。

分布式归档服务提供了一些先进的数据处理功能。分布式归档服务目前支持以下两种交易类型：

（1）一个设备上的一组操作被形成一个事件，保证了单个设备的数据完整性。

（2）一组社区对象的交易是由一个交易组成的，以确保社区组数据的完整性。

为了使应用程序能够对数据进行灵活的查询，分布式存储服务定义了一种特殊的语言，GQL，其语法与 SQL 非常相似。

为了提高查询效率，GAE 应用程序使用一个配置文件来定义数据索引。当应用程序执行查询建议时，数据列可以直接从相应的索引中检索到结果。

为了确保数据的一致性，分布式数据仓库服务使用乐观的并发管理策略。当几个应用程序同时访问同一个数据设备时，数据设备首先被存储在本地，如果没有事件冲突，更新的数据才会直接写入数据库；如果有事件冲突，分布式数据仓储服务则会使用适当的冲突解决算法或中止交易。由于 HTTP 是无状态的，所以不可能阻止分布式仓储服务的并发管理。因此，乐观的并发管理是一个自然的选择，易于实现并减少不必要的延迟。

（四）应用程序环境

Google App Engine 有着自身的应用程序环境，这个应用程序环境包括以下特性：

（1）动态网络服务功能，能够完全支持常用的网络技术。

（2）具有持久存储的空间，在这个空间里平台可以支持一些基本操作，如查询、分类和事务的操作。

（3）具有自主平衡网络和系统的负载、自动进行扩展的功能。

（4）可以对用户的身份进行验证，并且支持使用 Google 账户发送邮件。

（5）有一个功能完整的本地开发环境，可以在自身的计算机上模拟 Google App Engine 环境。

（6）支持在指定时间或定期触发事件的计划任务。

基于这样的环境支持，Google App Engine 可以在负载很重和数据量极大的情况下轻松构建安全运行的应用程序。

最初，谷歌应用引擎只支持 Python 开发语言。在这一点上，它开始支持 Java，在本书中，Google App Engine 应用程序是用 Python 编程语言实现的，运行时环境包括完整的 Python 语言和大多数标准的 Python 库，Python 运行环境使用 Python 2.5.2 版本。下面是对 Python 运行时环境的详细介绍：

（1）Python 运行环境包括标准的 Python 库。开发人员可以调用库方法来实现程序功能，但不能使用受沙盒限制的库方法。这些受限制的库方法包括试图打开套接字、写文件等。为了使编程更容易，谷歌应用引擎的设计者已经禁用了某些模块，这些模块的主要功能不被运行环境的标准库所支持。因此，当开发者从这些模块中导入代码时，会有错误信息警告。

（2）Python 运行环境为开发平台中的数据库、谷歌账户、URL 抓取和电子邮件服务提供了一个完整的 Python 接口。一个简单的 Python 网络应用程序框架，称为 Webapp，允许开发人员轻松创建他们自己的应用程序。为了方便开发，Google App Engine 还包括 Django 网络应用程序框架，在开发过程中可以与 Google App Engine 一起使用。

沙盒是由谷歌应用引擎创建的一个虚拟环境，类似于计算机中使用的虚拟机。在这个环境中，用户可以开发和部署他们自己的应用程序，把他们隔离在安全和可信的环境中，完全独立于网络服务器的硬件、系统和物理位置，且对底层操作系统的访问有限。

沙盒还可以对用户施加以下限制：

（1）用户的应用程序只能通过 URL 网页索引接口和 Google App Engine 邮件服务接口访问互联网上的其他计算机，而其他请求连接到应用程序的计算机只能通过默认接口的 HTTP 或 HTTPS 连接来实现。

（2）应用程序不能写入谷歌应用引擎的文件系统，它只能读取应用程序的代码文件，并且必须使用谷歌应用引擎的数据商店来存储数据，这些数据在应用程序期间是持久的。

（3）该应用程序只在响应网络请求时执行，请求必须非常短，并在几秒钟内完成。同时，处理请求的应用程序在发送其响应后不得创建子进程或执行规则。

简单来说，沙盒为开发者提供了一个虚拟环境，将他们的应用程序与其他开发者开发和使用的应用程序隔离开，确保每个用户都能以安全的方式开发自己的应用程序。

开发人员使用谷歌应用引擎 SDK 来开发他们的应用程序。这个软件包可以先下载到本地计算机上，然后开发和运行。该 SDK 允许你在本地计算机上模拟一个具有谷歌应用引擎所有服务的网络服务器应用程序。该 SDK 包括谷歌应用引擎的所有 API 和库。网络服务器还可以模拟沙盒环境，用来检查是否有模块被导入，试图访问未经授权的系统资源。

Google App Engine SDK 完全用 Python 实现。该 SDK 可以在所有 Python 2.5 平台上运行，包括 Windows、Mac OS X 和 Linux，开发者可以从 Python 网站上为他们的系统下载 Python。

该 SDK 还被用作将应用程序上传到谷歌应用引擎的工具。在为其应用程序创建代码、静态文件和配置文件后，用户可以使用该工具将数据上传到平台。在上传过程中，该工具会要求开发者提供信息，如他们的谷歌账户、电子邮件地址和密码。

该系统包括一个带有网络界面的管理控制台，用于管理谷歌应用引擎中的应用程序。开发人员可以使用管理控制台来创建应用程序、配置域、改变应用程序的当前版本、检查授权和错误日志、并查阅应用程序数据库。❶

---

❶ 李旭晴，阎丽欣，王叶. 计算机网络与云计算技术及应用［M］. 北京:中国原子能出版社，2020.

第二节 云存储虚拟化技术基础理论

一、云存储虚拟技术

(一) 虚拟化技术概述

虚拟化技术其实在很早以前就已经出现了，虚拟化的概念也不是最近几年才提出来的。虚拟化技术最早出现于 20 世纪六十年代，那时候的大型计算机已经支持多操作系统同时运行，并且相互独立。如今的虚拟化技术不再是仅仅只支持多个操作系统同时运行这样单一的功能了，它还能够帮助用户节省成本，同时提高软硬件开发效率，为用户的使用提供更多的便利。近年来，虚拟化技术在云计算与大数据方向上的应用更加广泛。虚拟化技术有很多分类，针对用户不同的需求涌现出了不同的虚拟化技术与方案，如网络虚拟化、服务器虚拟化、操作系统虚拟化等，这些不同的虚拟化技术为用户很好地解决了实际需求。

云计算和云存储基于虚拟化技术，可以在不同领域之间动态、灵活地共享不同的资源，大大提高了资源效率，使 IT 资源成为真正的公共基础设施，并在不同领域得到广泛使用。

维基百科对虚拟化的定义是："虚拟化"是将物理计算资源，如服务器、网络、存储和内存，抽象并转化为单一的逻辑视图，使用户能够更好地利用它们。这些资源的新虚拟视图不受原始物理资源的组织、地理位置或基础资源的物理配置的限制。

因此，虚拟化可以说是一种技术，它在逻辑上结合或共享计算、存储和网络资源，以创建一个或多个操作环境，允许机器通过整合或共享硬件和软件来模拟、仿真、分享时间等。一般来说，虚拟化将服务与硬件解耦，允许以前需要多个硬件平台的任务在单个硬件平台上执行，同时隔离每个任务的执行环境。虚拟化也被看作一个软件框架，在一台机器上模拟其他机器的指令。

目前常用的虚拟化架构主要有两种：完全虚拟化和部分虚拟化，区别在于是否需要修改客户操作系统。完全虚拟化不需要改变客户操作系统，并提供良好的透明度和兼容性，但会增加软件的复杂性和性能。Para-Virtualization 需要对客户端操作系统进行修改，因此一般用于开源操作系统，可以实现接近物理机的性能。这两种虚拟化技术的基本架构如图 4-6 所示。

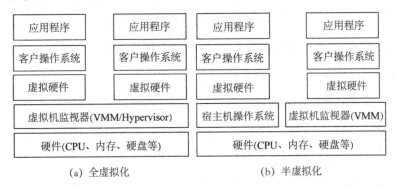

图 4-6 虚拟化平台的两种基本结构

在这两种基本架构中，虚拟机监控器（VMM）或管理程序是虚拟化的核心，是置于物理硬件和虚拟机之间的特殊操作系统，其主要任务是抽象和分配物理资源、模拟 I/O 设备、管理和与虚拟机沟通以提高资源的利用效率、实现动态资源分配、灵活调度和域间共享等。

在一个完全虚拟化的架构中，VMM 直接在物理硬件上运行，并通过提供指令集和设备接口支持更高级别的虚拟机。完整的虚拟化技术通常需要结合二进制翻译和指令仿真技术。在客户操作系统上执行的大多数特权命令都是由 VMM 捕获的，VMM 在执行这些命令之前会对其进行捕获和模拟。一些在用户模式下不能被拦截的指令用二进制转换技术来处理。二进制翻译技术将小块的指令翻译成一组新的指令，在语义上与该块指令对应。

在半虚拟化架构中，VMM 作为客户操作系统的一个应用，使用客户操作系统的功能来抽象硬件资源和管理更高级别的虚拟机。半虚拟化技术需要改变客户操作系统，其中特权命令被虚拟化调用（Hypercall）取代，以访问 VMM。

虚拟域可以通过 Hypercall 向 VMM 请求各种服务，如内存管理单元（MMU）更新、I/O 管理、虚拟域管理等。VMM 为一些系统服务（如内存管理、设备管理和终端管理）向客户系统提供虚拟化回调接口，以确保所有特权状态的操作都从客户系统转移到 VMM。

硬件虚拟化是完全虚拟化的硬件实现。由于虚拟化技术的普及，主要的硬件供应商提供基于硬件的虚拟化支持，如英特尔的 VT、AMD 的 V 和 ARM 的 VE（虚拟化扩展）。当客户操作系统执行特权操作时，CPU 自动进入特权模式；当操作完成后，VMM 告诉 CPU 返回客户操作系统并恢复执行当前任务，硬件虚拟化已经在服务器平台上得到了广泛的应用。

与需要改变操作系统的并行虚拟化不同，硬件辅助的虚拟化不需要二进制编译器或指令仿真，因此比完全和并行虚拟化技术更有效。准虚拟化通常比完全虚拟化快，因为它通过修改客户操作系统代码以避免调用特权指令，从而避免了二进制翻译和指令转换的动态开销。然而，准虚拟化需要维护一个修改过的客户控制系统，这需要额外的开销。

在虚拟化系统中，有一个特权虚拟域 Domain 0。它是虚拟机的控制域，相当于所有 VMs 中拥有 root 权限的管理员。Domain 0 在所有其他虚拟域启动之前要先启动，并且所有的设备都会被分配给这个 Domain 0，再由 Domain 0 统一管理并分配给其他的虚拟域，Domain 0 自身也可以使用这些设备。其他虚拟域的创建、启动、挂起等操作也都由 Domain 0 控制。此外，Domain 0 还具有直接访问硬件的权限。Domain 0 是其他虚拟机的管理者和控制者，可以构建其他更多的虚拟域，并管理虚拟设备，它还能执行管理任务，比如虚拟机的休眠、唤醒和迁移等。

在 Domain 0 中安装了硬件的原始驱动，承担着为 Domain U 提供硬件服务的角色，如网络数据通信（DMA 传输除外）。Domain 0 在接收数据包后，利用虚拟网桥技术，根据虚拟网卡地址将数据包转发到目标虚拟机系统中。因此，拥有 Domain 0 的控制权限就可以控制上层所有虚拟机系统，这也使 Domain 0 成为攻击者的一个主要目标。

Xen 是由英国剑桥大学计算机实验室开发的一个开放源代码虚拟机监视器，它在单个计算机上能够运行多达 128 个有完全功能的操作系统。Xen 把策略的制定与实施分离，将策略的制定，也就是确定如何管理的相关工作交给 Domain 0；而将策略的实施，也就是确定管理方案之后的具体实施，交给 Hypervisor 执行。在 Domain 0 中可以设置对虚拟机的管理参数，Hypervisor 按照 Domain 0 中设置的参数去具体地配置虚拟机。

虚拟化技术可以实现大容量、高负载或者高流量设备的多用户共享，每个用户可以分配到一部分独立的、相互不受影响的资源。每个用户使用的资源是虚拟的，相互之间都是独立的，虽然这些数据有可能存放在同一台物理设备中。以虚拟硬盘来说，用户使用的是由虚拟化技术提供的虚拟硬盘，而这些虚拟硬盘对于用户来说就是真实可用的硬盘，这些虚拟硬盘在物理存储上可能就是两个不同的文件，但用户只能访问自己的硬盘，不能访问别人的硬盘，所以他们各自的数据是安全的，相互不受影响，甚至各个用户使用的网络接口都是不一样的，所使用的网络资源和操作系统也不一样。

使用虚拟化技术可以将很多零散的资源集中到一处，而使用的用户则感觉这些资源是一个整体。如存储虚拟化技术可以实现将很多的物理硬盘集中起来供用户使用，用户使用时看到的只是一块完整的虚拟硬盘。

使用虚拟化技术可以动态维护资源的分配，动态扩展或减少某个用户所使用的资源。当用户产生了一个需求，如需要添加更多的硬盘空间或添加更多的网络带宽，虚拟化技术通过更改相应的配置就可以很快地满足用户的需求，甚至用户的业务也不需要中断。

随着虚拟化技术在不同的系统与环境中的应用，它在商业与科学方面的优势也体现得越来越明显。虚拟化技术为企业降低了运营成本，同时提高了系统的安全性和可靠性。虚拟化技术使企业可以更加灵活、快捷与方便地为最终的用户进行服务，并且用户也更加愿意接受虚拟化技术所带来的各种各样的便利。为更加直观地感受与认识虚拟化，下面对一个计算机系统有无使用虚拟化技术进行一个简单的对比，如图 4-7 所示。

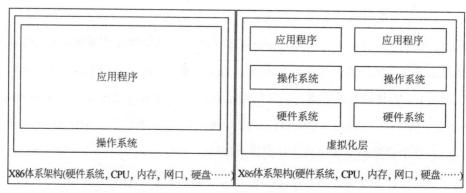

(a) 未应用虚拟化技术　　　　　　　(b) 应用虚拟化技术

图4-7　虚拟化软硬件框架对比

如图4-7（a）所示，未应用虚拟化技术时，操作系统直接安装在硬件上，而应用程序则运行在操作系统中，应用程序独占整个硬件平台；应用虚拟化技术时，则多了一层虚拟化中间层，用于提供对硬件的模拟，这样在该虚拟化层上可以装多个操作系统和多个应用程序，它们之间相互独立，如图4-7（b）所示。

虚拟化技术可以同时模拟出多个不同的硬件系统，而操作系统则安装在虚拟出来的硬件系统之上，操作系统与应用程序将不再独占整个硬件资源，从而实现了多个操作系统同时运行的效果。

虚拟化是一种实现云计算和云存储平台的技术，为云存储带来了诸多巨大的好处：

（1）虚拟化技术可以将云存储资源作为一种服务提供给用户，这可以显著提高资源的利用效率，从而降低成本和能耗。

（2）可以实现动态的资源分配和灵活的调度，能够根据实际需要和不断变化的业务要求进行实时配置。

（3）可以利用专业的安全服务来改善安全，个人用户很难获得专门的安全专业知识，但云服务提供商可以提供专门的安全解决方案。

（4）通过动态调整资源颗粒度和动态扩展性，实现云存储的可扩展性。

（5）更多的互操作性，云存储可以与平台无关，还可以解决不同接口和协议的兼容性。

（6）云服务提供商具备部署灾难弹性备份的能力，可以提高灾难恢复效率。

（二）虚拟化技术分类

1. 存储虚拟化

存储网络工业协会（SNIA）对存储虚拟化的定义是：

（1）通过抽象、隐藏、隔离存储（子）系统或存储服务的内部功能，将存储或数据管理与应用、服务器和网络资源的管理分开，实现对应用和网络的独立管理。

（2）存储服务或设备的虚拟化可以整合资源，并通过将存储资源转移到下一个层次来降低实施的复杂性。存储虚拟化可以在系统的多个层次上实现，例如通过创建一个类似于分层存储管理（HSM）的系统。

存储虚拟化的目的是将特定的存储设备或系统从服务器操作系统中分离出来，抽象出特定的存储设备或系统，形成存储资源的逻辑视图，为用户提供单一的虚拟存储池。存储虚拟化可以保护存储设备或系统免于复杂化，简化管理，提高资源利用率，特别是在异构存储环境中，它可以极大改善资源管理成本，并为用户提供无缝的存储访问。

储存流量的现代化包括以下 3 种方法。

（1）基于主机的存储虚拟化：一种基于软件的资源管理方法。由于它不需要额外的硬件，所以很容易实施，而且资本成本低。然而，由于管理软件在主机上运行，消耗了主机上的计算资源，相对来说是不可扩展的。同时，由于不同存储供应商的软件和硬件不兼容，可能会产生互操作性转换成本。

（2）基于存储设备的存储虚拟化：利用设备本身的功能模块实现虚拟化。对于用户来说，它很容易配置和管理，用户也可以与存储设备供应商协调管理方法。然而，由于不同存储供应商之间功能模块的差异，在异质网络存储环境中可能会产生额外的管理成本。

（3）网络存储虚拟化：存储虚拟化功能在网络设备上实现。这种方法也存在着异质操作系统和多厂商存储环境之间的互操作性问题。

2. 网络虚拟化

网络虚拟化是指网络设备的虚拟化，即对传统的路由器、交换机和其他设备进行扩展，在一个物理网络上模拟多个独立的逻辑网络，允许不同用户访问独立的网络资源片，提高了网络资源的利用效率，创造了一个有弹性的网络。

在网络虚拟化中，网络流量通过软件与物理网络元素分离。这些通常是虚拟本地网络和虚拟专用网络。虚拟本地网络使得将一个物理本地网络分割成几个虚拟本地网络，或者将几个物理本地网络节点分割成一个虚拟本地网络，使得虚拟本地网络的通信与物理本地网络的通信类似，这对用户来说是透明的；虚拟专用网络将网络连接抽象化，允许远程用户连接到设备上的网络，并有在设备自己的网络上的感觉。

网络虚拟化平台使得在"一虚多实"的基础上连接物理网络和虚拟网络成为可能，同时可以在"一虚多实"的基础上连接物理网络和虚拟网络。在这种情况下，"一虚多实"是指在一个虚拟租户网络中，一个物理交换机可以虚拟连接到多个逻辑交换机，然后分配给几个租户；"虚拟多实"是指在一个大的逻辑网络中，多个物理交换机和连接资源被虚拟化。也就是说，在租户眼中，一个交换机可以连接到多个物理交换机。

欧洲电信标准协会（ETSI）也从服务提供者的角度提出了网络功能虚拟化（NFV）。这是一种硬件和软件分离的架构，利用虚拟化技术将网络节点的功能划分为功能模块，然后在软件中实现，这样网络功能就不再与硬件架构相联系。

3. 服务器虚拟化

服务器虚拟化，有时也称为平台虚拟化，是将物理服务器资源抽象为逻辑资源，使一台服务器成为几个甚至几百个孤立的虚拟服务器，物理边界不再限制用户，CPU、内存、磁盘和I/O等硬件成为一个可以动态管理的"资源池"。这使用户能够提高资源利用率，简化系统管理，整合服务器，使IT更灵活地适应业务变化。

服务器的虚拟化实际上是将操作系统和应用程序归入虚拟机（VM）。虚拟机是一个完整的计算机系统，其中硬件的所有系统功能都由软件在一个完全隔离的环境中运行来模拟。在虚拟机上运行的操作系统被称为客户系统，而管理这些虚拟机的平台被称为虚拟机监控器（VVM），也被称为管理程序。VMM是虚拟机技术的核心，它是位于操作系统和计算机硬件之间的一层代码，用于将硬件平台划分为多个虚拟机。VMM 不仅管理虚拟机的执行空间，还允许对虚拟机进行定制，例如，CPU 数量、内存大小等方面。

常用的服务器虚拟化平台包括 VMware vSphere、Microsoft Hyper-V、剑桥大学 Xen 和 Qumranet KVM。

4. 桌面虚拟化

桌面虚拟化是核心计算机系统（也称为桌面）的虚拟化，它为桌面的使用提供安全性和灵活性。个人桌面系统可以通过各种设备，如个人电脑、平板电脑和移动电话，在网络上的任何地方和任何时间访问。

用户在同一个物理设备上可以同时访问多个不同的桌面系统，这些桌面系统的操作系统可以是相同的，也可以是不同的。而服务器将用户的桌面独立出来，每个用户都有自己的用户空间，相互不影响。独立出来的桌面与相应的应用软件相配合则可以实现用户在远程访问桌面。常见的使用方式是用户远程连接或者使用瘦客户机（Thin Client）对虚拟桌面进行访问与使用。

桌面虚拟化可以实现不同的使用模式，支持定制的桌面，支持多个虚拟机，支持主要的操作系统，以及动态共享网络存储空间，提供灵活、安全、控制和可管理的桌面系统。

5. 应用虚拟化

应用虚拟化是指同一个应用可以在不同的 CPU 体系架构、不同的操作系统上正常地运转，应用虚拟化也是一种软件技术，它是一种与底层操作系统无关的封装。应用程序只写一套代码即可处处运行，如 JVM（Java Virtual Machine）支持 Java 代码，使用 Java 实现的应用程序只需要在系统中搭建好 JVM 环境则可以正常运行。同样还有其他很多软件也支持这类应用虚拟化，如 Python、Wine 等（也是一种应用虚拟化，在 Linux 平台中比较常见。当你想要在

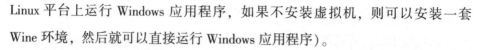

Linux 平台上运行 Windows 应用程序，如果不安装虚拟机，则可以安装一套 Wine 环境，然后就可以直接运行 Windows 应用程序）。

应用虚拟化将应用中的人机交互逻辑与计算逻辑分开。当用户登录到一个虚拟化的应用程序时，用户的计算机只需将人机交互逻辑传递给服务器，服务器就为用户打开一个单独的会话区来执行应用程序的计算逻辑，然后将修改后的人机交互逻辑传递给客户端并显示在客户端的相应设备上，使用户获得与使用本地应用程序一样的体验。用户可以以与本地应用程序相同的方式使用该应用程序，使部署、更新和维护该应用程序变得更加容易。

二、虚拟化技术构架

其基本思想是将硬件和软件资源分开，以简化不同硬件和软件资源的表示、使用和管理，将其抽象为逻辑资源，并为这些资源提供标准接口，以接收输入和产生输出，从而掩盖资源属性和具体操作之间的差异，减少资源用户和资源具体实现之间的耦合，使用户不再依赖于资源的特定实现。这减少了资源用户和资源具体实现之间的耦合，因此用户不再依赖资源的特定实现，IT 基础设施的变化对用户的影响也最小。

虚拟化架构主要由主机、虚拟化层软件和虚拟机组成。主机是一个包含硬件资源的物理机器，如 CPU、内存、I/O 设备等。虚拟化层软件是虚拟化技术的核心，通常被称为"虚拟化层"。虚拟化层软件是虚拟化技术的核心，通常被称为管理程序或虚拟机监视器（VMM）。它的主要功能是将物理主机的硬件资源虚拟化为逻辑资源，使其可用于更高层的多个虚拟机，协调每个虚拟机对这些资源的访问，并管理每个虚拟机之间的安全。虚拟机是在管理程序中运行的客体操作系统（相对于主机操作系统而言），其行为与真正的计算机完全一样，即它们可以安装应用程序，访问网络资源等。由于管理程序提供的硬件资源，使得几个虚拟机可以在同一主机上运行。对于主机来说，虚拟机只是一个正在运行的应用程序，但对于运行在虚拟机上的应用程序来说，它是一台真正的计算机。

目前广泛使用的虚拟化架构主要有 3 种类型，如图 4-8 所示。

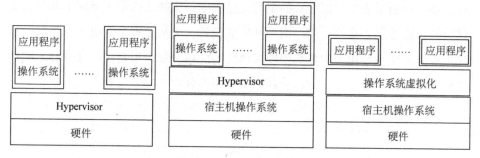

图 4-8 虚拟化架构类型

（一）裸机虚拟化

在这种架构中，管理程序直接在主机硬件上运行，并通过提供指令集和设备接口支持更高级别的虚拟机。这种模式实现起来更复杂，但一般来说性能更好。典型的实施方案包括 VMware ESX、微软 Hyper. V、Oracle VM、LynxSecure、IBMz/VM。

（二）主机虚拟化

在这种架构中，管理程序作为主机操作系统上的一个应用程序，使用主机操作系统的功能来抽象硬件资源并在更高层次上管理虚拟机。这种模式虽然更容易实现，但性能要比裸机虚拟化差得多，因为虚拟机必须穿越主机操作系统来访问硬件资源，典型实现有 Vmware Workstation、Vmware Fusion、Vmware Server、Xen、XenServer、Oracle VirtualBox、Microsft Virtual Server R2、Microsoft Virtual PC、Parallels。

（三）操作系统虚拟化

在这种架构中，没有单独的管理程序，而是由主机操作系统本身充当管理程序，负责将硬件资源分配给多个虚拟服务器，并使这些服务器相互独立。由于所有虚拟服务器上都有一个标准的操作系统，这种模式提供了更高的操作效率，而且比异质环境更容易管理，不足之处是灵活性较差。它还提供了比上述两种虚拟化解决方案更少的隔离性，因为主机操作系统文件和其他相关资源在虚拟机之间共享。典型实现有 Parallels Virtuozzo Containers、Solaris Containers、Linux. VServer、BSDjails、Open VZ。

在这三种虚拟化实现方式中，裸机虚拟化是当今最主要的企业虚拟化架构，被广泛用于企业数据中心的虚拟化过程中；主机虚拟化主要用于开发和测试目的，或者用于桌面应用，因为其性能较低，无法处理企业级工作负载；操作系统虚拟化主要用于需要高密度虚拟机的应用，如虚拟桌面。这三种不同的虚拟化架构在系统实施、性能和使用案例方面各有不同，且各有优缺点。

三、虚拟化技术原理

（一）虚拟机技术原理

虚拟机（VM）是一个完整的计算机系统，在一个完全隔离的环境中运行，其中所有的硬件系统功能都是由软件模拟完成。虚拟机技术是一种资源管理技术，它对各种物理计算资源（如服务器、网络、内存和存储）进行抽象和改造，并以一种打破物理设施之间不可逾越的障碍的方式呈现出来，使用户能够比在原始配置中更有效地利用这些资源。它还简化了 IT 架构，降低了资源管理的复杂性，避免了 IT 架构不必要的扩展。虚拟机完全独立于硬件的特性允许它们在运行过程中进行迁移，实现真正的不间断运行，并最大限度地提高业务连续性，而不需要高可用性平台的高额购置成本。

虚拟机技术允许一台计算机同时运行多个操作系统，每个操作系统运行多个应用程序，每个应用程序运行在一个虚拟 CPU 或虚拟主机上。虚拟机技术需要处理器、主板芯片组、BIOS 和软件（如 VMM 软件或特定的操作系统）的支持。

（二）CPU 虚拟化原理

首先，CPU 虚拟化的目的是允许让多个虚拟机可以同时运行在 VMM 中。CPU 虚拟化技术是将单 CPU 模拟为多 CPU，让所有运行在 VMM 之上的虚拟机可以同时运行，并且它们相互之间都是独立的，且互不影响，以提高计算机的使用效率。在计算机体系中，CPU 是计算机的核心，没有 CPU 就无法正常使用计算机，所以，CPU 能否正常被模拟成为虚拟机能否正常运行的关键。

从 CPU 设计原理上来说，CPU 主要包含三大部分：运算器、控制器以及处理器寄存器。每种 CPU 都有自己的指令集架构（Instruction Set Ar-chitecture，ISA），CPU 所执行的每条指令都是根据 ISA 提供的相应的指令标准进行的。ISA 主要包含两种指令集：用户指令集（User ISA）和系统指令集（System ISA）。用户指令集一般指普通的运算指令，系统指令集则指系统资源的处理指令。不同的指令需要有不同的权限，指令需要在与其相对应的权限下才能体现指令执行效果。在 X86 的体系框架中，CPU 指令权限一般分为 4 种：Ring0、1、2、3，如图 4-9 所示。

Ring3(User App)
Ring2(Device Driver)
Ring1(Device Driver)
Ring0(Kemel)

图 4-9　CPU 的 4 种指令权限

最常用的 CPU 指令权限为 0 与 3。权限为 0 的区域的指令一般只有内核可以运行，而权限为 3 的指令则是普通用户运行。而权限为 1、2 的区域一般被驱动程序所使用。想要从普通模式（权限为 3）进入权限模式（权限为 0）需要有以下三种情况之一发生：

（1）异步的硬件中断，如磁盘读写等。

（2）系统调用，如 int、call 等。

（3）异常，如 page fault 等。

从上面内容可以看出，要实现 CPU 虚拟化，主要是解决系统 ISA 的权限问题。普通的 ISA 不需要模拟，只需保护 CPU 运行状态，使得每个虚拟机之间的状态分隔即可。而需要权限的 ISA 则需要进行捕获与模拟，要实现 CPU 的虚拟化，就需要解决以下几个问题：

①所有对虚拟机系统 ISA 的访问都要被 VMM 以软件的方式所模拟。即所有在虚拟机上所产生的指令都需要被 VMM 所模拟。

②所有虚拟机的系统状态都必须通过 VMM 保存到内存中。

③所有的系统指令在 VMM 处都有相对应的函数或者模块来对其进行模拟。

④CPU 指令的捕获与模拟，是解决 CPU 权限问题的关键，如图 4-10

所示。

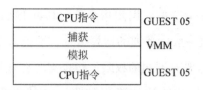

图 4-10　CPU 指令的捕获与模拟

CPU 在正常执行指令时，如果是普通指令，不需要进行模拟，直接执行；而如果遇到需要权限的指令时，则会被 VMM 捕获到，并且控制权会转交给 VMM，由 VMM 确定执行这些需要权限的指令；VMM 在模拟指令时，会产生与此指令相关的一系列指令集，并执行这些指令；在 VMM 执行完成后，控制权再交回给客户操作系统。

当然，并不是所有的 CPU 框架都支持类似的捕获，而且捕获这类权限操作所带来的性能负担可能是巨大的。并且，在指令虚拟化的同时，也需要实现 CPU 在物理环境中所存在的权限等级，即虚拟化出 CPU 的执行权限等级因为没有了权限的支撑，指令所执行出来的效果可能就不是想要得到的效果了。

为了提高虚拟化的效率与执行速度，VMM 实现了二进制转换器 BT（Binary Translator）与翻译缓存 TC（Translation Cache）。BT 负责指令的转换，TC 用来储存翻译过后的指令。BT 在进行指令转换时一般有以下几种转换形式：

（1）对于普通指令，直接将普通指令拷贝到 TC 中，这种方式称为"识别（Ident）"转换。

（2）对某些需要权限的指令，通过一些指令替换的方式进行转换，这种方式称为"内联（Inline）"转换。

（3）对其他需要权限的指令，需要通过模拟器进行模拟，并将模拟后的结果转交给 VM 才能达到虚拟化的效果，这种方式称为"呼出"（Call-out）转换。

因为指令需要进行模拟，所以有些操作所消耗的时间比较长，在全虚拟化的情况下，它的执行效果会比较低下，会出现半虚拟化与硬件辅助虚拟化两种另外的虚拟化技术，用于提高虚拟机运行的效率。

（三）内存虚拟化原理

除去 CPU 的虚拟化以外，另一个关键的虚拟化技术是内存虚拟化。内存虚拟化让每个虚拟机可以共享物理内存，VMM 可以动态分配与管理这些物理内存，保证每个虚拟机都有自己独立的内存运行空间。虚拟机的内存虚拟化与操作系统中的虚拟内存管理有点类似。在操作系统中，应用程序所"看"到、用到的内存地址空间与这些地址在物理内存中是否连续是没有联系的。因为操作系统通过页表保存了虚拟地址与物理地址的映射关系，在应用程序请求内存空间时，CPU 会通过内存管理单元（Memory Management Unit，MMU）与转换检测缓冲器（Translation Lookaside Buffer，TLB）自动将请求的虚拟地址转换为与之相对应的物理地址。目前，所有 X86 体系的 CPU 都包含有 MMU 与TLB，用于提高虚拟地址与物理地址的映射效率。所以内存虚拟化也要将MMU 与 TLB 在虚拟化的过程中一起解决。多个虚拟机运行在同一台物理设备上，真实物理内存上只有一个，同时需要使每个虚拟机独立运行，因此，需要VMM 提供虚拟化的物理地址，即添加另外一层物理虚拟地址，解决方案如图 4-11 所示。

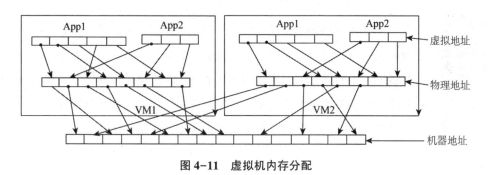

图 4-11　虚拟机内存分配

虚拟地址：客户虚拟机应用程序所使用的地址。物理地址：由 VMM 提供的物理地址。机器地址：真实的物理内存地址。映射关系：包含两部分，一是客户机中的虚拟地址到 VMM 物理地址的映射；二是 VMM 物理地址到机器地址的映射。

从图 4-11 可以看出，客户虚拟机不能再通过 MMU 直接访问机器的物理地址，它所访问的物理地址则是由 VM 所提供。即客户虚拟机以前的操作不变，同样保持了虚拟地址到物理地址的转换，只是在请求到真实的地址之前，需要再多一次地址的转换——VMM 物理地址到机器地址的转换。通过两次内存地址的转换，可以实现客户虚拟机之间的相互独立运行，只是它们运行的效率会低很多。为了提高效率，引入了影子页表（Shadow Page Table），后来硬件辅助虚拟化的出现更进一步地提高了地址映射查询的效率，此处不再进一步讨论。

（四）网络虚拟化原理

网络虚拟化提供了以软件的方式实现的虚拟网络设备，虚拟化平台通过这些虚拟网络设备可以实现与其他网络设备的通信。通信的对象可以是真实的物理网络设备，也可以是虚拟的网络设备。所以，网络虚拟化是要实现设备与设备之间的与物理连接没有关系的虚拟化连接。因此，网络虚拟化要解决的问题有两个，即网络设备与虚拟连接。虚拟化的网络设备可以是单个网络接口，也可以是虚拟的交换机以及虚拟的路由器等。在同一个局域网内，任何两个不同的虚拟设备都可以实现网络的连接；如果不是在同一个网内，则需要借助网络协议才能实现网络的正常连接与通信，如 VLAN（Virtual Local Area Network）、VPN（Virtual Private Network）等协议。

以 VLAN 为例简单说明网络虚拟化的连接与通信。VLAN 将网络结点按需划分成若干个逻辑工作组，每一个逻辑工作组对应一个虚拟网络。每一个虚拟网络就像是一个局域网，不同的虚拟网络之间相互独立，无法连接与通信。如果需要通信，则需要路由设备的协助，转发报文才能正常通信。由于这些分组都是逻辑的，所以这些设备不受物理位置的限制，只要设备支持网络交换即可。

第三节　云存储虚拟机安全机制探索

一、宿主机安全机制

通过宿主机对虚拟机进行攻击可谓是得天独厚，一旦入侵者能够访问物理宿主机，就能够对虚拟机展开各种形式的攻击，如图 4-12 所示。

如图 4-12 所示，恶意用户可以使用主机操作系统上的某些热键来终止虚拟机进程，监控虚拟机资源利用情况，或在不访问虚拟机系统的情况下关闭虚拟机；他们还可以删除整个虚拟机或窃取存储在软盘、光驱、U 盘、记忆棒等主机操作系统上的虚拟机镜像文件。另外还可以使用主机操作系统的网络嗅探工具拦截来自网卡的传入或传出流量，并对其进行分析和修改以窃取数据或干扰虚拟机的通信。

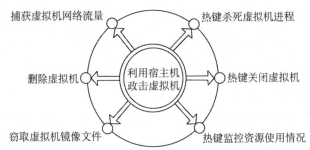

图 4-12 利用宿主机攻击虚拟机

因此，保护主机是保护虚拟机免受攻击的一个重要部分。如今，大多数传统的计算机系统都有完善和有效的安全机制，如物理安全、操作系统安全、防火墙、入侵检测和保护、访问控制、补丁更新和远程管理技术，这些在虚拟系统中也是安全和有效的。传统的安全技术现在已经很成熟了，所以必须使用这些技术来确保对主机的完全保护，防止攻击者通过主机入侵虚拟机。

二、Hypervisor 安全机制

管理程序是虚拟化平台的核心。随着管理程序的功能越来越复杂，代码量也越来越大，导致针对管理程序的安全漏洞和恶意攻击越来越多，比如前面提到的 VMBR 和 VM 逃逸攻击。因此，保护管理程序对于加强虚拟化平台的安全是至关重要的。目前的研究重点是加强管理程序本身的安全性和改善管理程序的安全功能。

（一）自身的安全保障

在虚拟化架构中，管理程序处于中间层，自下而上管理基本硬件服务的虚

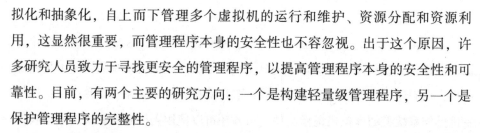

拟化和抽象化，自上而下管理多个虚拟机的运行和维护、资源分配和资源利用，这显然很重要，而管理程序本身的安全性也不容忽视。出于这个原因，许多研究人员致力于寻找更安全的管理程序，以提高管理程序本身的安全性和可靠性。目前，有两个主要的研究方向：一个是构建轻量级管理程序，另一个是保护管理程序的完整性。

1. 构建轻量级

在一个虚拟化系统中，管理程序是高层虚拟机应用的可靠知识库的重要组成部分。如果管理程序不可靠，则应用环境也不可靠。然而，随着管理程序功能和规模的增长，应用环境的可靠性也在下降。为了解决这个问题，许多研究人员近年来致力于建立轻量级的管理程序并减少 BTC，并取得了许多成果。

2. 完整性保护

利用可信计算技术对 Hypervisor 进行完整性度量和报告，从而保证它的可信性，也是 Hypervisor 安全研究中的重要方向。

（二）提高防御能力

从以上的介绍和分析可以看出，不管是建立轻量级的管理程序，还是采用可靠的计算技术来保护管理程序的完整性，技术实现都会非常困难，在某些情况下，甚至需要修改管理程序，这可能不适合大规模的虚拟化部署和保护。相反，管理程序的保护更容易通过某些传统的安全技术来加强，其中最重要的是：

1. 防火墙保护 Hypervisor 安全

物理防火墙可以保护连接到物理网络的服务器和设备，但对于连接到虚拟网络的虚拟机来说太麻烦了。为了解决这个问题，可以将虚拟防火墙与物理防火墙结合使用。

2. 合理地分配主机资源

管理程序上的资源管理可以通过两种方式实现：第一，确保重要的虚拟机可以首先访问主机的资源，例如通过使用以下机制。第二，将主机的资源分配和隔离到不同的资源池中，并将所有的虚拟机分配到每个资源池中，这样每个虚拟机只能使用它所在的资源池的资源，从而减少资源冲突引起的拒绝服务的风险。

3. 扩大 Hypervisor 安全到远程控制台

远程虚拟机控制台类似于 Windows 操作系统上的远程桌面，可以使用远程访问技术激活、停用和配置虚拟机。如果远程虚拟机控制台配置不正确，那么会给管理程序带来安全风险。首先，虚拟机的远程控制台允许多个用户同时登录，而不像 Windows 远程桌面那样限制每个用户只有一个会话，即如果一个具有较高权限的用户首先登录远程控制台，另一个具有较低权限的用户随后登录并获得第一个用户的较高权限，这可能导致非法访问从而损害系统。其次，任何通过远程控制台连接到虚拟机或以其他方式在远程虚拟机的操作系统和用户本地计算机的操作系统之间使用复制和粘贴功能的人都可以访问剪贴板上的数据，导致敏感的用户数据丢失。为了避免这些风险，必须正确配置远程控制台：

①虚拟机控制台必须一次只能由一个用户访问，即远程控制台的会话数量必须限制为一个，从而防止权限有限的用户因多次登录而访问敏感数据。

②禁用与虚拟机相关的远程管理控制台的复制和粘贴功能，以避免数据丢失问题。这些设置很简单，但它们有助于控制对远程控制台的访问，从而提高管理程序的安全性。

4. 通过限制特权减少 Hypervisor 的安全缺陷

当涉及授予对管理程序的访问时，许多管理员为了轻松和方便，会直接授予用户管理员权限。然而，拥有管理员权限的用户可以进行许多危险的操作，从而破坏管理程序的安全性，如重新配置虚拟机、改变网络配置、窃取数据、修改其他用户的权限等。为了避免这些安全漏洞，必须授予用户严格限制的权限。首先创建用户角色，不分配访问权限。其次将角色分配给用户，并根据用户的需要不断增加角色的权利。确保用户只获得他们需要的权利，从而减少特权用户对管理程序的安全风险。

三、虚拟机隔离机制

(一) 虚拟机安全隔离模型

目前，关于虚拟机安全隔离的大部分研究都是基于 Xen 虚拟机监控器。开源的 Xen 虚拟监控器有很多安全漏洞，特别是由于 Xen 依赖 VMO 来管理其他客体虚拟机而产生的一些漏洞，但这些漏洞可以被客体虚拟机内部或外部的攻击者所利用。

1. 硬件协助的安全内存管理（SMM）

当虚拟机共享或者重新分配硬件资源时会造成很多的安全风险。SMM 提供加密和解密来实现客户虚拟机内存与 VMO 内存间的隔离。SMM 的架构，如图 4-13 所示。

在 SMM 架构中，Hypervisor 只能将 SMM 控制的内存分配给客户虚拟机。所有虚拟机分配内存的请求都经由 SMM 处理。SMM 用来加密和解密虚拟机数据的密钥由 TPM 系统产生和分发，而且 SMM 只加密分配给虚拟机的内存。

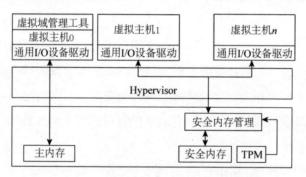

图 4-13　SMM 辅助的 Xen 内存管理

2. 硬件协助的安全 I/O 管理（SIOM）

在带有 Xen VM Manager 的物理主机上，每个客户的虚拟机都配置了一个软件模拟的虚拟 I/O 设备，负责在多个虚拟机之间调度物理 I/O 资源，包括资源多样化、任务分配和资源规划。此外，在物理 I/O 设备响应其他请求时，必须对虚拟机请求和数据进行缓存。在这种情况下，所有虚拟机共享用于虚拟物理 I/O 设备的内存和缓存。基于硬件的安全虚拟 I/O 架构，SIOM，如图 4-14 所示。

在 SIOM 架构中，每个虚拟机的 I/O 总线访问请求是通过它自己的虚拟 I/O 设备发送的。虚拟 I/O 控制器根据协议和虚拟机内存（或缓存）中的数据确定当前的 I/O 操作，然后通过虚拟 I/O 总线访问真实 I/O 设备。当为每个虚拟机定制专用的虚拟 I/O 设备时，客户虚拟机的 I/O 路径不再通过 VMO，从而隔离了各个虚拟机之间的 I/O 操作。对于 I/O 操作，VMO 的故障并不影响整个 I/O 系统。

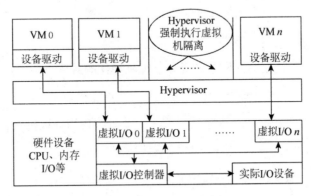

图 4-14　安全 I/O 虚拟化架构

（二）虚拟机访问控制模型

通过恰当的访问控制机制提高虚拟机之间的隔离性是虚拟机隔离技术的另一个重要研究方向。虚拟机中访问控制的一个典型模型是 sHype，由 Reiner Sailer 等人于 2005 年在美国 IBM 研究院提出，它通过访问控制模块（ACM）控制对虚拟机的系统进程内存的访问，来实现内部资源的安全隔离。sHype 的系统架构，如图 4-15 所示。

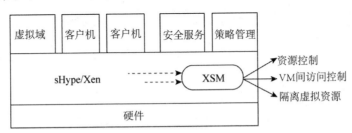

图 4-15　sHype 强制访问控制架构

sHype 通过给虚拟机和虚拟资源分配安全令牌来实现访问控制。sHype 支持访问控制策略，如简单类型策略和中文墙策略。如图 4-15 所示，sHype 的强访问控制架构在 Ken 中实现，它被整合为 sHype/Xen 的 XSM 安全模块。XSM 支持各种安全要求，如资源管理、虚拟机之间的访问控制和虚拟资源的隔离。这个架构的关键部分，即回调函数，在图中用虚线表示，有 3 个功能，如下：

（1）根据访问控制策略为新创建的虚拟机分配安全令牌，并在虚拟机被调用时释放令牌。

（2）通知 XSM 模块安全参考值和虚拟机操作的具体类型。

（3）在创建、重启和迁移虚拟机之前，检查并调整所有运行时的冲突。

用 sHype 实现访问控制策略的过程为：首先收集该虚拟机的访问信息（如虚拟机品牌、资源品牌和访问类型），然后调用 XSM 模块为该虚拟机分配所需资源的访问权，最后执行访问控制策略。XSM 模块允许 Xen 虚拟机管理器管理单个物理主机上多个虚拟机之间的资源共享和隔离，但它不能解决大规模分布式环境中虚拟机隔离的安全问题。

针对这个问题，美国卡内基梅隆大学的 Jonathan McCune 和 IBM 的 Stefan Berger 等人基于 sHype 提出了一种分布式强制访问控制系统，称作 Shamon，它基于 Ken 实现了一个原型系统，系统结构如图 4-16 所示。

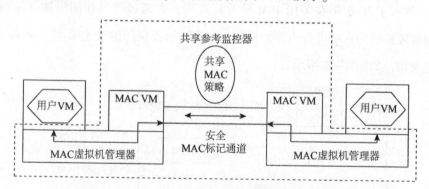

图 4-16　Shamon 原型系统结构图

在 Shamon 原型系统中，MAC 虚拟机管理器作为管理程序运行在独立的物理节点之上，控制不同用户虚拟机之间的信息流传递。该系统最关键的地方在于可以通过创建一个可信的 MAC 虚拟机，在跨物理节点的用户虚拟机通信上执行共同的 MAC 策略，节点间的共享参考监控器就包含在每个节点的 MAC 虚拟机管理器和 MAC 虚拟机里面。同时，Shamon 通过在节点之间构造安全 MAC 标记通道，通过 MAC 标记来执行安全策略，以此保护跨节点的用户虚拟机之间通信的安全性和完整性。❶

四、虚拟机安全监控

在云计算环境中，建立一个有效的监控机制对虚拟机进行实时管理是非常重要的。有效的监控机制可以实时监控虚拟机系统的运行状态，并及早发现不确定因素，确保虚拟机系统的安全运行。

（一）内部监控

基于虚拟化的内部监控模型的典型代表系统是 Lares 和 SIM，图 4-17 描述了 Lares 内部监控系统的架构。

在图 4-17 所示的监控架构中，安全工具是在一个孤立的虚拟机中实现的，该虚拟机位于理论上安全的环境中，称为安全区，如 Xen 虚拟机。被监控的客户操作系统在虚拟机运行时被执行。钩子功能是用来捕捉这些机器上的消息时使用的一个重要工具。钩子是用来记录某些事件的，比如创建一个进程，读写一个文件。这些钩子需要特别的保护，因为客户端操作系统是不被信任的。

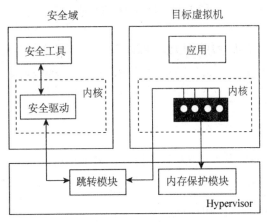

图 4-17　内部监控系统的架构

❶ 宋俊苏. 大数据时代下云计算安全体系及技术应用研究［M］. 长春:吉林科学技术出版社，2021.

在这种架构下，对事件的响应如下：当钩子功能检测到目标卷中发生了事件时，它会主动潜入管理程序，并通过管理程序中的钩子模块将目标卷中的事件传递给安全域中的安全控制器，后者再将其传递给安全工具；然后安全工具执行基于事件的安全策略类型，生成响应并将其发送给安全控制器，后者对目标卷的事件采取行动。

（二）外部监控

基于虚拟化的外部监控模型的典型代表系统是 Livewire，Livewire 外部监控系统的架构，如图 4-18 所示。

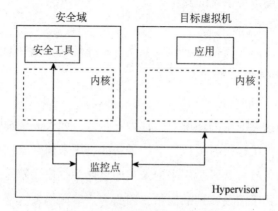

图 4-18　外部监控系统的架构

将图 4-18 与图 4-17 相比较，可以看出，外部控制架构与内部控制架构一样，在两个相互隔离的独立虚拟机中实现了安全工具和访客监控系统，这就增强了安全工具的安全性。

目前的工作大多集中在使用管理程序来保护目标卷的钩子功能或从外部检查内部状态。虽然这两种监测方法都适合监测虚拟机的安全性，但它们都有一些不足之处，需要研究人员进一步调查。主要有两个缺点：一是现有的研究不够普遍；二是虚拟机监控和现有的安全工具之间存在整合问题。❶

---

❶　宋俊苏. 大数据时代下云计算安全体系及技术应用研究［M］. 长春:吉林科学技术出版社，2021.

第四节 云存储虚拟化技术未来发展

一、连接协议标准化

目前，桌面虚拟化的连接协议包括 VMware 的 PCoIP、Citrix 的 ICA 和微软的 RDP。未来桌面连接协议的标准化将使终端和云平台之间具有广泛的互操作性，并提供一个良好的供应链结构。

二、平台开放化

封闭式架构作为一个基本平台是不兼容的，不能支持异构的虚拟机系统。这就很难满足开放和协作的产业链的要求。随着云计算时代的到来，虚拟化管理平台逐渐向开放平台架构发展，来自多个供应商的虚拟机可以在开放平台架构中共存，不同的应用供应商可以基于开放平台架构不断开发云应用。

三、公有云私有化

在公有云场景中（如工业园区），整个 IT 架构都建立在公有云上。在这种情况下，对安全的要求非常高。可以说，如果不能解决公有云的安全问题，就很难将企业的 IT 架构迁移到公有云模式。在公有云的情况下，云服务提供商需要提供 VPN 等技术，将企业的 IT 架构转变为与公有云重叠的"私有云"，在确保私有数据安全的同时，实现公有云计算的便利。

四、虚拟化客户端硬件化

与传统的 PC 终端相比，目前的桌面和应用虚拟化技术在客户体验的"富媒体"（即包括动画、音频、视频和互动性的数据发布方式）方面仍有不足之处，主要原因是缺乏对 2D、3D、视频、Flash 等虚拟化的硬件支持，缺乏对

"富媒体"虚拟化的硬件支持。随着虚拟化技术的发展，终端芯片上的虚拟化支持可以逐步完善，从而通过硬件辅助处理，提升用户对媒体内容的体验。特别是对于 PAD 和智能手机等移动设备，对虚拟化控制的良好硬件支持将促进移动终端对虚拟化技术的采用。

云计算的时代是基于透明和双赢的原则。随着云计算基础设施的虚拟化，进一步的技术变革将逐步提高透明度、安全性、互操作性和用户体验。❶

---

❶ 宋俊苏. 大数据时代下云计算安全体系及技术应用研究 [M]. 长春:吉林科学技术出版社，2021.

第五章　云计算信息化技术的主要应用分析

随着经济的发展和信息技术的提高，云计算已经进入生活的各个领域。云计算是一种基于互联网的超级计算模式，允许用户通过与网站的简单连接来获取广泛的基于云的应用和信息。云计算技术平台聚合了用于运行软件的大量数据资源，允许用户在任何时间、任何地点访问各种网络服务，以实现他们的目标。本章主要将云计算信息化在中小企业、会计、高校教学以及农业技术四个方面的应用进行了分析。

第一节　云计算在中小企业中的主要应用分析

一、云计算与中小企业的发展

（一）中小企业信息化情况

1. 中小企业信息化出现的问题

由于中小企业可以在信息技术方面进行投资，但缺乏最新的科技知识，这就导致了目前大多数中小企业的信息化水平不高，建设思路比较传统。他们主要面临以下几个方面的问题：首先是应用部署缓慢。应用部署过程漫长、复杂、低效，难以适应公司的快速部署要求，构建和推广周期长；其次，难以整合异质环境。数据建设是一项长期持续的工程，在建设过程中，由于不同的原因，很难避免从不同的技术、厂家和型号中购买和获得硬件资源；再次，无论是新业务系统的实施、现有系统的升级和迁移，还是机房容量的扩大，问题都在于管理和维护的难度，一旦出现小故障就会导致业务服务的中断；最后，资源利用率低。由于公司的每个系统或部门都有自己的服务器和存储资源，结果导致硬件资源分散，分配和配置没有灵活性，硬件资源的利用率往往只有 5%~15%，不仅造成了高成本，还造成了大量的资源浪费。因此，企业可以利用最新的云服务来建立一个新的 IT 架构，以满足其数字业务发展的需要。云计算是一种 IT 模式，其中应用程序、数据、平台和基础设施资源作为一种服务通过网络提供给用户。同时，云计算是一种管理计算资源的方法，其中大量的同质或异质计算、网络和存储资源形成一个基础设施资源池，用于自动创建一个或多个虚拟化实例，并将其提供给用户。云服务按需分配，按量收费，这在 IT 行业相当于"像管理水和电一样管理 IT 基础设施"，增加了系统的灵活性，提高了资源利用率，降低了运营和维护的复杂性，从而降低了总拥有成本。

2. 中小企业信息化建设的要求

在快速变化的市场中，公司需要创造商业价值以增加收入来源，抓住新的商业机会并重新定义竞争。在一些表现良好的公司，IT 部门已经从一个成本中心转变为一个能够提供实际价值和差异化功能的中央单位。云计算在这种 IT 价值的转变中发挥了关键作用，使公司能够减少对 IT 的一次性投资，并使资源适应不断变化的业务需求，以快速响应业务需求。公司现有的数据中心必须以服务为中心，直接以业务为中心，并且足够灵活，以满足"敏捷性"的定义。因此，对数据中心的虚拟化、自动化、弹性和计量的技术要求已达到前所未有的水平。虚拟化技术不再仅仅是计算的虚拟化（虚拟机），还包括网络、存储、安全和其他技术的虚拟化，以及管理、设计和测量的通用平台，以创建一个新型的"软件定义"的云数据中心。企业利用云计算，从带有虚拟化操作系统的虚拟机转向以云操作系统为核心的"软件定义"的数据中心。在云中，企业整合其所有的计算资源，并通过 API 管理数据中心的所有软件和硬件资源，随着工作负载的变化，动态地优化资源的配置和管理。基础设施的资源容量可以根据用户需求随时灵活扩展和修改，就像乐高积木一样。通过分布式云数据中心，用户可以最大限度地利用物理服务器、存储和网络容量，保持平均 70%~80% 的高资源利用率，并最大限度地降低实际拥有成本，同时确保企业对现场资源的最大需求。

3. 使用云计算的必要性质分析

中国的云服务起步较晚，但发展迅速。许多 IT 服务提供商在这一领域做出了不懈的努力，以使中小企业能够以成本效益和可行的方式实施云业务和数字化转型。使用云计算建立云数据中心或租用公共云服务的公司可从以下优势中获益：第一，资源完全共享。通过将计算、存储和网络资源整合到一个资源池中，以一致、灵活和分布式的方式进行管理，使每个业务系统不再使用独立的物理服务器、存储和网络资源，而是与其他业务系统共享云资源，仅以虚拟机的形式使用一部分逻辑资源。第二，企业可以合理地共享计算和存储资源，为不同的业务需求提供标准化和可定制的环境配置包，实现环境部署和维护的自动化，并快速提供标准化、安全和稳定的资源服务。他们还可以统一管理所有类型的存储资源，开发具有不同级别存储资源类别的存储资源池，提供不同级别的存储服务。第三，云平台提供灵活和可扩展的资源。云平台满足不同应用系统的计算和存储资源需求，确保为应用分配硬件容量和快速的网络访问；当资源不足时，可以灵活地在线扩展，以满足业务需求并保证服务水平。第四，通过在云中整合业务系统和相关的数据和信息，用户可以利用云的便利快速访问他们所需要的数据资源和业务系统，不分部门和地点。第五，他们可以根据需要分享和检索资源。在未来，随着新的管理系统的建立，或随着管理系统的扩展或迁移，能够根据需要直接从资源库中快速提取资源，而无须申请额外的购买，这就足够了。我们还可以在管理系统的生命周期结束时从资源池中释放资源。这就提高了业务执行的效率和资源利用率，降低了总体成本。

因此，云技术的使用降低了中小企业实施 IT 的总体成本，提高了业务部署的灵活性，加快了 IT 对业务和市场需求的响应，有助于解决中小企业 IT 人员短缺和能力不足的问题，实现资源共享，对中小企业的信息化发展和业务创新能力起到了推动作用。

(二) 云计算对中小企业的影响

技术发展意味着 IT 资源在公司的生产和运营中发挥着越来越重要的作用。

中小企业如何适应技术的发展和变化，以及如何利用信息技术来推动其发展，已经成为所有企业领导人关注的问题。信息技术旨在优化企业管理，降低经营成本并进行业务创新，最终目的是提高企业的竞争力并增加收入。然而，与大公司相比，中小企业在 IT 方面明显落后，许多中小企业管理者对 IT 的认识不够。由于中小企业从事的活动范围很广，而且处于不同的发展阶段，他们的认知差异比较大，IT 技能水平也有很大差异。这是不可避免的。大多数中小企业认为他们需要采用新技术来完成数字化转型并推动未来的业务增长。云计算已经成为大多数中小企业的首选，这些企业缺乏足够的 IT 资源来保持技术革新的前沿。越来越多的中小企业希望将新的工作负载添加到云中，并依靠云供应商来提供、管理和维护 IT 基础设施和应用程序。中小企业对基于云的商业解决方案的使用在所有类别的商业解决方案中的比例正在稳步增长。云计算可以转变传统中小企业的信息化建设模式，促进企业商业模式的革新。通过企业业务云化，中小企业可以降低自身信息化的建设成本。

如今，世界各地的政府都在积极创建具有地方特色的高科技园区，以促进地方经济发展。在建设园区的过程中，我们不仅要增加对物质基础设施的投资，还要设法创造一个以服务为中心的"软环境"。面对新的竞争环境，高科技产业园区结合自身的特点，向本地区的中小企业提供一系列的云服务，利用云计算技术创造出一种创新的服务模式，旨在降低本地区企业的生产经营成本，提高企业的业务创新能力，从而使园区对企业更具吸引力。❶

二、云计算的发展对中小企业竞争优势的影响

(一) 中小企业云计算应用的成本和优势

1. 成本优势

资金短缺是中小企业信息化最为突出的问题，其融资渠道也并不宽敞。无论是购置硬件服务器，还是软件的购买、维护、升级，都需要巨额的成本支出。软件即服务模式提供了更安全、更可靠、更具扩展性的管理客户、员工、

---

❶ 戴红，曹梅，连国华. 云计算技术应用与数据管理 [M]. 广州:广东世界图书出版有限公司，2019.

业务、事物和财务等的各种解决方案和应用程序，并负责这些软件的升级，令中小企业无须再为运行软件的环境支付费用，并随时获得软件性能方面的新功能。laaS 服务模式把所有计算能力和存储能力集成在"云"端，允许中小企业用户根据自身实际应用需求灵活增减计算资源和存储资源，并按照自己的实际使用量来付费，这就使得中小企业不需要做出大规模的 IT 基础设施投资，也不需要建立独自的数据中心来存放企业的数据，所有的一切都由服务提供商按照服务等级协议（CSLA）提供解决方案，并保证服务质量。这不仅极大降低了中小企业的 IT 运营费用，还能有利于他们将注意力集中在自己的核心业务上，提高竞争优势。

Apps 是谷歌（Google）公司推出的"云"端办公软件系统，意在同微软的 Office 办公软件相抗衡。Apps 是一款 SaaS 产品，用于企业间消息的传输、协作和安全。它涵盖了面向企业的 Google 日历、Google 文档、Google 协作平台、Google 视频、Google Chrome 浏览器等各种应用程序服务，这些服务都是由 Google 托管，而不需要用户安装或维护任何软硬件。各种规模的企业都在使用 Google Apps，以便员工之间保持联系，提高工作效率并降低 IT 成本。在以 Google Apps 为基础的网络学习环境中，Google Apps 担任支撑学习过程物质条件的角色，并影响着非物质条件。它提供通信和协作的工具，同时凭借其强大的搜索功能，它可以帮助人们获取丰富的网络学习资源。良好的网络学习环境必然会促进学习方法的改进、形成更加有效的学习策略，最终提高学习效率。有人这样评价 Google Apps，"Google 比其他任何系统更能满足我们的数据和连接需求，从而在激烈的竞争中遥遥领先。凭借 Google Apps，我们得以保持灵活和高效，并且不受陈旧系统对预算或人员的限制"。

2. 技术优势

云计算的技术优势主要表现在允许中小企业依据自己的需要进行信息化建设，而不需要考虑技术方面的缺陷。中小企业 IT 方面的人才相当短缺，云计算的 SaaS 服务模式能够使中小企业用户享受正版软件的服务，避免了盗版软件导致的系统崩溃等危害，且服务供应商对软件的升级和维护全权负责，使得中小企业在技术人才方面的需求大大减少。另外，传统的软件定制方式对中小企业来说不仅成本高昂，而且没有专门的信息技术方面的人才来进行维护。而云计算技术除了能提供 SaaS 服务模式外，它的另一种实现方式——平台即服务也表现出了云计算的技术优势。

百会创造者是一家提供企业在线应用的在线开发平台，我国的中小企业就是它的主要客户。中小企业所需的诸如小型企业资源计划（enterprise resource planning, ERP）、数据库管理等各类管理信息系统都可以通过该开发平台进行简单的开发并在线实现运行。它的开发过程非常简单快捷，其快捷特征包括三点：鼠标拖拽设计表单、脚本控制业务逻辑和异地办公用户协作。企业人员无须编写代码，甚至不需要编程经验和数据库知识，只需要了解业务流程，即可通过简单的拖拽操作来为企业量身定制独一无二的管理系统。另外，百会创造者的项目团队还可以根据企业客户的需求，通过标准化产品与定制开发相结合的手段为其量身定做信息系统，为我国中小企业带来更大灵活性与易用性。目前，百会创造者已经集成呼叫中心、身份证认证、在线通信工具，以及 Google 企业套件等多种新型应用，最大限度地满足了我国中小企业用户新形势下的新业务需求。它充分体现了互联网低成本、高效率、规模化应用的特征。

对于中小企业信息化建设，云计算技术除了成本和技术方面的优势外，还具有诸如安全性、可靠性，以及节约能源等方面的应用意义。中小企业在经济发展中起着重要作用，信息技术又能有效增强中小企业的竞争优势。

（二）基于价值链模型的影响路径

相关研究指出，信息技术已经渗透到价值链的各个活动环节，为客户创造价值。但是，随着企业规模的扩大以及业务活动量的增加，中小企业信息化也会变得越发复杂，中小企业需要投入更多的资金，引进更多的人才，才能适应企业活动对信息技术要求的持续增加，进而为客户创造他们所需的产品与服务价值。而这种现状又与当前中小企业信息化水平普遍偏低、资金短缺和管理不完善的境况越来越矛盾。大多数中小企业的信息化水平还停留在文字处理、财务管理，以及办公自动化阶段，企业局域网应用也主要停留在内部信息共享方面，这与企业管理要求相差甚远。因此，如何进一步利用信息技术促进相关活动的运行效率，进而获得竞争优势也就显得至关重要。相关学者根据云计算的相关服务模式及其对中小企业信息化的创新性影响，结合波特的价值链模型，提出了一个影响路径图，对云计算技术如何影响中小企业的相关活动进而影响中小企业竞争优势进行分析，主要表现在以下几个方面：

首先，云计算提供的 SaaS 服务模式对中小企业信息化的意义最为明显，其对中小企业的竞争优势也能产生有效影响。中小企业由于诸如资金、人才等方面的不足使得其无法购买生产运营过程中所需的价格昂贵的管理信息系统和软件，再加上软件的维护和使用方法的培训都需要付出巨额的支出，这使得中小企业在很长一段时间内无法满足生产、经营、销售、财务等各项能够创造价值的活动对信息技术的需求。而云计算提供的 SaaS 服务模式通过互联网，可以将目前在企业中应用比较流行的管理软件和信息系统按需提供给中小企业用户。例如，基于云计算技术的商务智能（business intelligence，BI）能有效改善数据仓库（data warehouse，DW 或 DWH）、联机分析处理（online analytical processing，OLAP）和数据挖掘（data mining，DM）等信息技术的性能，而所有基本活动和辅助活动中凡是涉及信息搜集、处理、分析，以及制定决策的部分均能就此有效地得到改善，在降低成本的同时，也能有效地发掘客户的价值需求。中小企业无论选择成本领先战略、产品差异化战略，还是目标集聚战略，均能借助 SaaS 服务模式予以强化，从而提升企业的竞争优势。

其次，由于传统定制软件的方法并不适合中小企业，这使得中小企业经常无法获得符合自身情况的应用程序和系统。而 PaaS 服务模式能够提供云计算平台，方便中小企业根据自己的需要进行开发诸如小型 ERP、数据库管理等各类管理信息系统、满足个性化需求。中小企业无须购买和维护软件开发工具，即可根据基本活动和辅助活动中的活动特征，开发适合自己的在线信息系统和应用程序，它对辅助活动中的技术开发最为明显。在弥补中小企业技术方面缺陷的同时，PaaS 服务模式通过改善中小企业追求个性化方面的不足，以及形成产品差异化战略以提高它们的竞争优势。

再次，云计算的 IaaS 服务模式带给中小企业信息化的最大价值在于其能按需提供超级计算能力、超大存储空间以及网络带宽等一直困扰中小企业信息化建设已久的 IT 基础设施。其中，虚拟化技术是关键，其弹性、灵活性和可靠性使得用户不需要自己去建立计算平台，节省了 IT 设备的采购和维护费用。它所提供的超级计算能力能有效满足生产经营、服务，以及企业基础设施和人力资源管理等价值链中的关键活动对信息技术和设备性能的要求。另外，中小企业由于技术方面的不足，内部系统经常受到大量的网络攻击，而云计算的数据存储技术则有效地解决了这一难题，在保证安全性的同时也能适应中小企业规模的日益增加。而 IaaS 提供的网络带宽服务能有效改善企业的订货流程以及与分销商的联系，并为客户提供更好的技术咨询服务。该服务模式嵌入中小企业价值链的活动中，能十分有效地改善企业的业务运营效率，创造满足顾客的价值，提高其在产业内的竞争优势。

最后，我们可以由价值体系得知，除了基本和辅助物理活动外，企业的价值链还包括在公司内部、公司同供应商、零售商，以及终端顾客之间的信息流。并且随着信息技术的渗透，这些信息流的作用也越来越重要，对各种信息流的处理决定着跟供应商之间的关系、客户的忠诚度以及雇员的忠诚度等，进而能影响到企业创造价值的能力和企业的竞争优势。而云计算提供的超级计算能力以及可靠的网络带宽性能，能有效地促进价值体系中各方价值链中的信息流动，提高中小企业和各利益相关群里的信息共享和传播的能力，弥补其信息供求之间的不平衡，获取客户、供应商，以及市场的最新信息，这些信息对中小企业实行成本战略或产品差异化战略进而创造价值、提高竞争优势来说十分重要。

（三）基于资源观理论的组织绩效

1. 资源观理论

在信息系统研究领域，资源观理论已经得到了广泛的认可和使用，依托该理论，研究者们能够评价不同 IT 资源的战略价值，并研究它们对组织绩效的影响。对于同样一种技术，有的企业能够理性地使用它，并取得更多的成果，但是另外一些企业却遇到了一些挑战，甚至使自己的组织绩效变得更差。这一现象也导致了相关学者对于哪些 IT 资源能够促进中小企业竞争优势一直存在着争论。Bharadwaj 等学者经过研究指出，IT 基础设施、IT 技术技能、IT 管理技能，以及 IT 促成的无形资源能促进企业保持较高绩效，进而产生企业竞争优势。另外，环境因素对这些资源以及企业绩效起着调节作用。我国学者张品、黄京华等通过研究全面系统地总结了能产生竞争优势的 IT 资源主要有：IT 基础设施、IT 人力资源、IT 关系能力和 IT 战略能力，它们均通过影响组织的财务绩效和组织行为绩效来提高组织的竞争优势。IT 能力是调用和整合基于 IT 资源的能力，这些资源和能力只有和其他资源和能力相结合，才能促进组织绩效，获得竞争优势。根据云计算的技术特征，云计算技术能依据用户需要对云端的大量 IT 资源通过高速互联网进行灵活分配并控制，促进两个重要的无形资源——创新能力和协作能力的生成并与之整合，进而促进中小企业组织绩效，并获得竞争优势。而云计算技术的安全性和服务可靠性作为限制性要素对云计算影响中小企业组织绩效的途径产生了影响。

2．云计算 IT 能力

云计算的 IT 能力主要包括以下几点：

（1）客户服务定制能力。在云计算技术出现之前，中小企业很难获取根据自身条件定制的 IT 资源。而软件和硬件提供商提供的服务大多是标准化的，因此无法满足资源稀少和不可模仿的特性。如果中小企业能够从供应商那里获得他们所需要的满足自身业务情况的定制化 IT 服务，那么这些 IT 资源将是不可替代和不可模仿的。云计算技术的 PaaS 服务模式所提供的运用开发平台能够允许中小企业根据自身的特殊需求开发应用程序，并运营于服务提供商的云计算平台，使其得到的信息化服务不同于其他竞争者。

（2）资源内部互联能力。SaaS 和 IaaS 服务模式都能够根据客户的需求按需提供软硬件 IT 设施，云计算中心能够根据用户的 IT 基础设施需求，有效地整合虚拟资源，为中小企业提供定制的硬件服务。另外，云计算技术能够通过互联网连接各地的虚拟资源池，客户能够同时使用相同的资源。这就能方便中小企业利用这一 IT 服务能力与他们的利益相关群体建立广泛的合作关系，能够提供这些服务的 IT 资源也是极为稀有、不可替代的。

（3）IT 服务匹配的能力。中小企业需要从管理和技术角度确保云计算技术提供的 IT 服务具有很高的匹配性。从技术角度来看，云计算技术由于其提供服务的灵活性，提供的 IT 资源要与中小企业及其利益伙伴现存的技术达到很好的兼容，由于中小企业使用的 IT 设备水平参差不齐，一旦云计算技术提供的 IT 服务与此不匹配，就会为中小企业信息化带来麻烦；而从管理角度来看，云计算技术区别于其他信息技术的重要优势之一就是云计算技术提供的 IT 服务也能够与其信息化战略目标达成较好的一致。

3. 定性分析影响途径

以云计算所提供的 IT 能力为基础，云计算影响中小企业组织绩效的途径主要体现在以下几个方面：

首先，作为企业的无形资源，创新能力和协作能力能有效促进中小企业运用云计算技术提供的相关 IT 能力提高组织绩效并建立和维持长期竞争优势。由于中小企业受资金和信息化基础设施薄弱等条件的限制，因此他们的企业竞争优势应该建立在创新和与利益相关群里的协作方面。这两个重要因素能够提高他们所能提供产品和服务的价值，使他们有别于他们的行业竞争者，因而能促进中小企业提高财务和组织行为绩效，获得竞争优势。

其次，由于所处环境的动态变化和强烈的不稳定性，创新能力对于中小企业来说是取得成功的关键。云计算技术所提供的服务定制化和资源内部连通性能有效促进中小企业的创新能力。当中小企业依据他们的需要在云服务供应商那里定制 IT 服务时，他们就能根据这些服务获得属于他们自己的 IT 资源，这些资源能与他们的战略目标相匹配，提高他们的创新能力和创新进程。而云计算技术能够提供的资源内部互联优势，则能有效促进中小企业内部员工以及企业与供应商、分销商和客户的信息交流与共享，有利于中小企业依据客户的个性化需求，提升他们的创新能力，进而提高中小企业组织绩效，获取竞争优势。

最后，影响中小企业组织绩效的关键所在也包括企业内部及其与外部相关群体的有效协作能力。云计算提供的 II 服务的匹配性则能对中小企业的有效协作产生影响。技术上的匹配能有效平衡企业业务运营活动，而管理上的匹配则能增强中小企业的协作能力。内部互联性也能通过工作流以及彼此信息的交流对中小企业的协作能力产生影响。这些云计算提供的 IT 服务能力能有效促进中小企业及其相关群体的工作方面的协调能力，进而提升业务运营的效率，提高竞争优势。

4. 影响的限制性要素

云计算服务的安全性和可靠性对中小企业应用云计算技术创造竞争优势产

生了阻碍，其主要体现在以下三个方面：

首先，虽然云计算技术给中小企业带来了巨大的机遇，但是其应用时也存在潜在挑战。大量的研究成果指出，影响云计算技术应用的主要问题是其用户数据存储的安全性和隐私性、服务的兼容性和可靠性等。而这些也是导致中小企业对云计算技术大多持观望态度的主要原因。云计算技术对中小企业组织绩效的影响不可避免地受到这些限制性因素的影响。云计算技术是一种基于互联网的计算模式，当中小企业用户将个人数据迁移并存储在云数据中心的时候，就不可避免地会对一些信息泄露、恶意攻击和病毒侵害等安全问题产生担心。尤其是政府和一些大企业用户，有些极度私密的商业信息，一旦外泄，可能对其产生致命的后果。中小企业由于资金问题而从那些便宜的、服务安全性低的供应商那里获得 IT 服务时，这种安全性问题就显得尤为突出。

其次，云计算数据中心的正常运作需要稳定的网络环境，一旦网络瘫痪，中小企业用户的数据传输过程中将会不可避免地出现安全问题，甚至有可能丢失数据，其后果也不堪设想。整个云计算产业面临的同样的安全问题就是如何确保涉及中小企业知识产权的数据在传递过程中不会被窃取并保证企业能够在任何地方、任何时候都能安全访问自身的数据。

最后，云服务的可靠性问题也是一个比较突出的问题。可靠性对中小企业使用资源和服务的满意情况以及服务级别协议（service-level agreement，SLA）质量均产生直接的影响。Google 等 IT 巨头的云计算平台近年来均发生过因不同程度的故障而被迫中断服务，而随着服务过程中问题的相继出现，人们对云资源和服务的可靠性和性能产生了越来越多的担忧。这些有代表性的问题将会对云计算所提高的 IT 服务能力产生最为直接的影响，并对中小企业建立和维持长期竞争优势产生一定限制和阻碍。

对于中小企业来说，自身持续发展的重要动力就是信息化，它可以有效促进其竞争优势的建立和维持。云计算技术作为当今计算机科学的一个热点，其相关服务模式的应用，可以很好地帮助中小企业解决传统信息化建设方面的弊端，进而形成自身的竞争优势。

三、云计算与中小企业人力资源管理

（一）以云计算为基础的中小企业人力资源管理系统

1. 以云计算为基础的中小企业的人才招聘

求职者、人力资源部门、业务部门和外部招聘服务供应商之间的实时在线协作将通过基于云的招聘管理系统来实现，该系统符合提高招聘效率和降低招聘成本的目标。

（1）全面高效地储备人才资源。中小企业可以通过多种渠道收集和规范简历，进行智能识别，并通过不必要的存储方式避免信息的重复。基于云的招聘系统可以随时更新各种类型的人才数据，这些数据具有很强的可搜索性，使雇主能够轻松快速地搜索到有效的简历，及时有效地与候选人沟通，建立一个全面高效的人才管道。

（2）利用数据寻找潜在求职者。在中小企业中，最有效的方法之一是内部招聘，但由于中小企业的人才储备少，激励机制低，内部招聘只占招聘工作的一小部分。云计算使中小企业能够充分利用大型招聘门户网站、猎头公司和员工网络的优势来传递人才。在某种程度上，人才雷达能够根据网上发布的行为数据，如生活史、精神状态和社会活动，分析一个人的兴趣、性格特征和技能评估，以便迅速找到"工作匹配"。Talent Radar 自动搜索符合系统所招职位资格要求的人才，并根据他们是否适合该职位进行分类。在系统推荐的每个人的头像旁边，都会显示一个九维的人才雷达图，包括职业历史、与朋友的亲和力、个性、职业方向、位置、专业影响力、榜样和求职信心，以帮助招聘人员快速做出选择。这不仅降低了成本，而且提高了人才招聘的效率。此外，基于云的招聘系统利用群体智慧，比传统猎头公司更客观、更彻底地挑选人才，缓解了传统人力资源的信息缺口。

（3）给予全面的人才测评分析。目前，大多数公司使用单一的模式来评估专业人才，主要基于问卷调查，而且评估结果有些主观。可以改善与人才评估相关的一些问题，特别是通过提供新的工具和方法来进行人才选拔和排名。能力代表了某一特定工作所需的最佳素质，能力模型是通过访谈、编码、问卷

调查和统计分析建立的。如果我们能够利用现代信息技术和云技术，通过收集大量的员工和组织的基本数据，准确地计算出最佳员工的定性属性，我们就可以把工作属性变成选择和雇用员工的标准。未来开展人才评价，需要有效结合大数据技术对人才评价的提取、分析和应用，对人才分类进行分析和探索，对人才评价指标进行详细的量化分析，目的是发现数据背后的人才信息，寻找数据之间的可能联系。未来人力资源管理系统将依靠云计算不断更新人才库和人才属性模型，以便为公司找到最合适的人才。

（4）完成人才招聘的信息化。传统的招聘方法往往会产生大量的表格和简历，但云计算使中小企业能够在短时间内找到合适的人才。为了招聘，中小企业首先需要一个更新迅速、信息畅通的大数据平台，一个专门的招聘网站，主要宣传公司需要的不同类型的工作及其福利。在这个网站上，公司可以提供候选人登记表和信息的电子版，求职者可以在需要时自由下载。在云招聘时代，中小企业应尽快改变招聘理念，更新招聘方式，优化现有招聘流程，以便利用云平台快速有效地招聘到所需人才。

2. 以云计算为基础的中小企业的人才培训

在云中，中小企业的培训包括内部培训和外包培训。内部培训可以通过云平台购买或租用相关资源，或邀请企业人力资源合作伙伴提供内部培训。外包培训通常可以根据自己的需求来选择最合适的培训机构。基于云计算的中小企业人才培训的好处包括：

首先，在培训需求评估的基础上制订计划，传播信息，并通知感兴趣的工作人员参加培训。过去，中小企业的内部培训方式包括学徒制和课堂培训，但随着云平台资源的引入，原来的模式可以得到深化，企业可以购买相应的培训软件或租用相关培训资源，新的学徒制和课堂培训可以在网上进行。这种培训不仅能有效降低成本，还能显著提高资源的利用率，在一定程度上满足企业的个性化培训需求。员工可以利用他们的时间来学习他们需要的东西，如商业技能、有效的沟通技巧、管理技能、办公软件知识等。他们可以使用移动学习方法，在自己的时间内组织评估测试。

其次，中小企业可以选择将培训活动外包。云平台上有许多职业培训机构，企业可以从中选择；这些机构利用云平台扩大培训资源的分布，培训方法、技术和资源不断得到丰富和更新，例如通过外部开发。中小企业向培训机构传达他们的培训需求，培训机构则提供定制服务。

再次，中小企业的电子学习可以及时满足学习者的培训需求，让他们在时间和地点上自由安排，从而从自主学习中获益。与传统培训方式相比，基于云计算的培训机会不受时间和地点的限制，可以减少聘请培训师的需求，降低企业的培训成本，充分利用云计算传播学习内容，提高培训效果，减轻企业和员工的负担。

最后，员工培训和职业发展规划通过利用云计算技术，将会更加明确。在云计算背景下，中小企业可以使用存储在云中的发展和绩效评估数据来模拟工作所需的技能和能力。当新员工加入公司时，他们可以利用该模型为每个员工制订量身定做的培训和发展计划，这些个人计划可以用来制订全公司的员工培训和发展计划。对于一些通用技能和能力，我们通常可以在招聘前实施培训，以节省时间和成本，但对于专业技能，我们需要制订适当的计划，实施渐进式的集体培训，不断提高员工的技能。当工作人员更换工作或晋升时，人力资源部门的工作人员应审查系统中的初始培训和发展计划，以反映新的工作要求，从而使工作人员能够更快地适应新的角色。

3. 以云计算为基础的中小企业的绩效管理

过去，中小企业的绩效考核非常简单，通常涉及更多的定性指标，由管理者直接对员工进行考核的情况比较普遍，考核结果往往只作为奖惩的依据，很少伴随着绩效的报告和反馈。我们可以通过以下方法改善这种情况。

（1）选择绩效考核工具。通过基于云的绩效管理系统，我们可以将员工的水平和特点与绩效评估工具的特点自动匹配，然后根据被评估者的特点灵活选择所需的绩效评估工具。例如，我们可以根据不同类别的员工选择360度的考核方法，基于关键绩效指标的方法、基于关键事件的方法等。

（2）实施绩效考评流程。目前，人力资源管理系统主要集中在数据存储方面。随着云计算的引入，人力资源管理系统将更加注重业务流程的标准化。例如，在绩效考核中，我们采用关键绩效指标法，将云平台中内部工作流程的一些关键参数归零计算，与中小企业发展的战略目标挂钩，并将战略目标作为不同的考核指标分发给员工。CRM 系统可以随时记录每个员工的客户跟踪、报销和考勤数据，并将这些数据转化为客户跟踪率、销售密度和客户满意度等月度绩效考核数据，并对绩效考核数据进行科学分析和处理。通过云服务系统的自动对账，这种做法可以使操作过程更加科学和规范。

4. 以云计算为基础的中小企业的薪酬管理

所有的中小企业都有大量的人力资源数据，如员工考勤数据、人口统计数据、绩效考核结果、员工培训数据、人才流动数据、员工培训的影响等。云服务可以帮助中小企业顺利地处理这些数据，并获得更有意义的处理结果，以帮助企业做出决策。中小企业的云端薪资系统是这样的：第一，薪资福利的实际计算。基于云的人力资源系统具有计算和分享薪资统计数据等功能。主要采用同构技术开发的模型字典和数字字典，使员工工资数据的核算和处理更快、更有效。云供应商为中小企业提供了一个先进的薪资系统，可以立即对新的薪资建议作出反应，并实施薪资政策。第二，该系统为员工提供自助服务功能，实现无纸化企业办公。基于云的人力资源系统具有更强大的数据挖掘和分析能力，以满足中小企业的薪资需求。云技术采用的分布式存储方式可以满足中小企业用户的需求，确保人力资源管理系统能够有效地管理薪资数据，更快地在数据库中找到必要的信息，并准确有效地进行分析。第三，中小企业可以使用"薪酬云"。一方面，"薪酬云"指的是"有人力资源的云"，员工可以在其中灵活地工作和协作，即摆脱传统的工作约束，并跨越工作场所的界限进行合作；另一方面，它指的是"有薪酬的云"，其中整合了各种激励措施。"薪酬云"是一个更丰富的激励系统。例如，奖励为公司做出杰出贡献的员工，颁发个人奖项、奖章和奖杯，我们可以获得灵活的激励。

（二）中小企业运用云计算的发展建议

1. 云安全方面的建议

"云安全"总是被提上日程，也引起了用户对云安全的关注。"云安全"是目前云计算和数据安全领域非常重要的研究课题，人力资源是中小企业的重要资源和数据，其流失和分散将导致企业的严重损失，因此中小企业对云计算安全的要求很高。根据以往的研究，研究人员认为，在解决人力资源管理中的云计算安全问题时，可以考虑以下事项：

（1）进行多份物理备份工作。人力资源数据是所有中小企业最重要的资源和信息。如果人力资源数据由于物理介质的老化而丢失或泄露，中小企业将遭受巨大的损失。因此，中小企业需要配置多个数据库服务器，对人力资源数据进行多次备份，以避免数据丢失。

（2）具有统一的编码规则。人力资源一般都是分布式存在的，所以如果要进行检索时需要经过很多地点。在进行人力资源数据运行过程中，很有可能存在软硬件发生问题的现象，导致有用的资料出现失真。因此，必须建立一套科学合理的编码规则来保证数据恢复的效率和准确性。

（3）具有严格的身份认证。所有的云服务都是通过网络提供的，任何可以连接到网络的网络终端都可以访问云服务器的资料。出于安全考虑，使用云平台需要严格的认证机制，以确保服务的安全性。目前，除用户名和密码外，还可以使用加密狗或动态密码进行登录。

（4）传输过程中加密信息。对于中小企业来说，使用云计算是为了给公司带来竞争优势。然而，制定具体解决方案的过程需要公司提供关于自己的信息，这对这些信息的保密性构成了挑战。计算机密钥可以帮助防止数据丢失，保护数据安全，降低安全风险，加密和解密过程可以确保客户数据资源的安全。如果我们想确保工作人员的数据在传输过程中不被改变或窃取，我们必须使用加密算法。

2. 知识产权保护方面的建议

（1）云计算环境下的知识产权问题。云环境下急需解决的知识产权保护问题包括云计算中商业模式专利问题、商标权问题和商业秘密问题。

①云计算环境下的商业模式专利。商业模式专利是一个公司通过将其运营和商业管理方法与网络技术和计算机硬件和软件相结合而获得的专利。云计算在中小企业人力资源管理方面最明显的优势是，它将基于网络的信息服务技术与公司所需的基本服务相结合，为公司提供必要的资源，而无须大量投资。然而，其他公司有可能复制和利用其为特定需求提供的服务，因此保护产权是值

得进一步考虑的问题。

②云中的商标。商标是区分产品或服务来源的标志，不仅是产品的竞争产品，也是公司在市场上竞争的一种方式。品牌是一个公司在外部世界最直观的形象。在云时代，云计算的广泛使用已经成为企业参与市场竞争的重要方式。为了在云计算发展的早期阶段利用商业机会，企业需要建立一个强大的品牌形象，而品牌是实施云计算发展的一个关键因素。

③云计算环境下的商业机密。在市场竞争中，能够获得竞争优势的有力武器就是商业秘密，但互联网的发展给商业秘密信息的保护带来了重大挑战，商业秘密信息的披露、传播是企业目前面临的困难之一。当前商业秘密泄露的案例主要分为两类：一类是由于云计算技术的限制而导致的信息安全漏洞的损失；另一类是商业秘密泄露，包括信息的泄露、误用和盗用等。

（2）应对对策。

①政府对策。云计算的发展对于加强中国经济和中国产业的更新和转型具有重要的战略意义。业内学者认为，政府应从以下几个方面制定战略规划：一是针对目前云计算推广和发展过程中遇到的问题，云计算应用中存在知识产权保护的问题，可以制定相关的法律法规来促进其发展。二是云计算在企业中的应用已经成为一个重要的趋势，如果在其发展中找到合适的转机，政府应大力推动其发展。我们要改变政府单方面推动的发展模式，实现对市场经济的宏观调控。三是对云计算产业的监督和管理。基于云计算的业务发展的顺利运行，不仅关系到企业，许多利益相关者之间的合作需要一个协调机制。建立第三方机构来监督和补充政府的限制，是有助于整个云计算产业长期发展的方法。中国的专利审查员应该重新审视国际上的云计算技术，在国家法律法规允许的范围内放宽专利审查要求，使云计算技术的长期发展不因某些专利的不批准而受到影响。

②企业对策。从商业角度来看，我们可以制定如下的云计算战略。

a. 为知识产权制定一个合理的商业战略。第一，为商业模式申请专利的战略。在竞争中，云计算企业不仅要及时加强对自身专利技术的保护，还要不断关注云计算专利技术的最新发展，及时了解他人的专利技术，注重技术创新，同时避免侵犯他人的技术专利。第二，商标法的策略。企业应通过法律保护及时申请注册原创商标，以确保企业的长期发展。在商标注册方面，企业可以根据自己的特点和经济实力创建国内外知名的商标，对国际知名的商标有特殊保护，也可以提高企业的知名度，提高企业的竞争力。第三，商业秘密战略。公司应该有强烈的自卫道德，避免将重要的商业秘密上传到云端，以减少商业侵权行为。同时，企业也可以与云服务提供商签订类似的保密协议，明确双方的责任，尽量减少不必要的损失。

b. 为行业标准的制定做出贡献。由于各方的目标不同，限制了云服务的共享。中小企业参与标准制定可以促进通用标准的发展，并使云计算的全部好处得到利用。

3. 企业内部管理方面的建议

（1）对于人力资源管理观念的创新。在云中，数据更新非常快，大部分信息都是共享的。中小企业之间的竞争已经成为一场人才和创新的竞赛。为了获得竞争优势，中小企业需要摆脱传统的人才观念，更加重视人才能力，定期进行员工培训，完善人力资源规划。在实施人力资源管理时，要发挥专业人才的作用，提高人力资源的专业素质，了解企业中每个人都有创新意识，重视创新人才的培养，充分利用信息技术部门的便利，与广大优秀科技创新人才保持密切联系。中小企业需要从长远角度出发，制定新经济形势下的人力资源管理理念，结合所有的人才优势，汇集外部人才资源，以公司的长期发展为目标。

（2）对于员工培训方法的创新。中小企业利用云计算提高竞争力，加快信息更新速度。中小企业必须加强对员工的培训，创新培训方式。首先，中小企业必须加强对员工的知识培训。知识是员工的基本技能，企业需要确保员工随时掌握企业需要的最新技术知识，尤其是在云计算技术快速发展的情况下，中小企业需要对员工进行相关知识的培训，重点是培养实际操作能力。其次，中小企业应向员工提供技能培训，使他们能够将知识付诸实践，迅速解决工作中的实际问题。为员工创建一个可以安心工作、拥有和谐的人际关系、能够激发创新的工作氛围。

（3）对于激励机制的创新。在云计算的背景下，技术发展迅速，中小企业在人力资源方面的能力也逐渐增强。在这种新的环境下，中小企业在实现物质激励方法现代化的同时，应更加重视情感激励。中小企业在制定基本物质奖励和奖金水平时，应区分激励对象，按标准分配等级，并将等级差异设定在合理的水平上，以保证激励目标的实现和激励效果的真正发挥。中小企业应注意物质与非物质激励措施的结合。目前，员工的素质得到了提高，焕发了活力，他们也更加注重个人价值的实现。除物质奖励外，中小企业应向员工提供精神奖励，如授予荣誉学位。此外，中小企业可以借鉴外企或大企业的经验，引入员工股份、员工分红等激励措施来激励员工，将员工和企业的利益有效结合，形成激励效应。随着科学技术的发展和国民经济的发展，云计算作为一种新的信息技术，不断地更新着原有的科学方法和技术手段。随着第四次工业革命的到来，云计算和大数据将改变社会的各个方面，并在未来应用于政府和企业。如今，中小企业应抓住这一发展机遇，利用云计算提高人力资源服务的质量和效率，增强其核心竞争力。❶

第二节 云计算在会计信息化中的应用研究

一、分析云计算在会计信息化应用中的相关理论

（一）建设会计信息化

1. 增强法规建设和基础设施投入

随着互联网和云计算技术的发展，原有的会计数据处理系统可能无法满足现代会计数据处理的发展需要。为了更好地推动会计信息化建设，政府应从大局出发，科学规划会计信息化发展，完善会计信息化建设机制，加强对会计基础规范化、会计信息化标准、网络安全等方面相关政策法规的审查，营造良好的政策环境，促进会计信息化发展。国家的战略资源是 IT 资源，政府应积极

---

❶ 戴红，曹梅，连国华. 云计算技术应用与数据管理［M］. 广州:广东世界图书出版有限公司，2019.

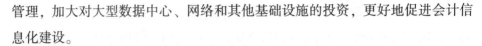

管理，加大对大型数据中心、网络和其他基础设施的投资，更好地促进会计信息化建设。

2. 建立不同层级的会计信息系统平台

相关部委已经提交了以公司和机构的会计信息为基础建设会计信息平台的建议，标准化建立会计信息平台，所有的会计信息都将被相应的标记，以实现数据共享、数据控制，会计平台处理的数据，这将使当局、内部机构或外部投资者能够清晰明了地获取会计信息，也使公众容易了解公司的财务信息，这将有利于对公司的监督，从而促进其发展。相关部委也有必要整合不同的会计信息库。为了建立一个基于云的会计信息平台，可扩展商业报告语言（XBRL）和会计信息软件需要得到深化。

（二）云计算在会计信息化中的运用模式

通过将云技术应用于会计功能，这种方法允许公司通过建立一个虚拟的在线会计系统来执行真正的会计、管理和其他与会计有关的任务。由于使用云计算的会计计算平台只是为了在网络环境中使用，所以不需要安装任何应用程序。从会计技术的角度来看，为了使云服务更有效率，有必要根据相应的业务需求将网络存储设施、IT 服务提供能力、管理平台和计算资源结合起来。

（三）云计算在会计信息化中的优势

云计算应用于企业会计技术时具有明显的优势：首先，它可以降低公司的运营成本。企业不再需要投入大量资金建设运营系统，而是可以根据自己的服务需求选择合适的云服务提供商，只需支付一定的初始和相关硬件的租金，而不是大量的资金投入，从而大幅降低运营成本，适合缓解企业的资金压力。其次，可以为企业提供量身定做的服务。例如，如果某项活动的处理在现有的业务系统中无法进行，我们可以根据企业的需要对业务流程进行修改，并随时对会计平台进行相应的修改，以保证企业的顺利运行；这个过程不需要人为设计，云计算系统会智能响应，清晰地将要求提供给系统。此外，当会计准则发生变化时，云服务提供商会及时要求进行相应的会计处理，使企业在经营中遵守会计准则，减少因系统设计进行相应变更的时间滞后而导致的最新会计准则与最新会计处理不一致的影响。最后，将云技术应用于会计信息化，由于云服务可以实现大规模的数据整合和存储，实时数据共享，这种现象对于企业来说非常有用，特别是对于经常异地工作的企业，他们可以随时随地获取企业的最新情况，帮助企业更好地发展。

（四）云计算在会计信息化中的劣势

任何事情都有优点和缺点，包括云计算，它在会计技术的使用上也有一些缺陷。首先，安全和隐私问题已经成为阻碍云服务发展的主要障碍，从而限制了与会计管理相关的 IT 进程。由于云会计是基于互联网的，数据处理和存储发生在外部云服务中。在发生严重的网络攻击时，用户会面临数据丢失和隐私泄露等风险。对于公司来说，财务会计、统计和报告是业务部门非常重要的基本秘密，许多公司对"云会计"有戒心。企业在选择"云会计"时，注重在技术和服务上满足企业的个性化需求，根据企业的数据处理能力"翻云覆雨"，理解"技术和业务服务适应企业的个性化需求"。目前，适应企业特点的技术和服务领域还处于起步阶段。其次，国家相关政策法规力度不够，没有形成行业监管框架，所以"云准备"远远不够，这也直接影响了企业账户 IT 基础设施建设中采用云服务的进程。

（五）会计信息化发展趋向

云计算是一种商业模式，其中大量的数据，主要是数据库驱动的数据，被集中起来并根据用户的需求转化为服务。它本质上是一种更智能的外包服务，在灵活性、可用性和成本管理方面无法与传统外包相比。云计算技术在中国还处于起步阶段，一些未知的问题还有待探索，但不能因为现有的不确定因素，就否认云计算的技术发展。云计算作为一种新的商业模式，将可能促进银行的业务转型，改变银行的经营理念，促进银行之间的合作等。随着未来云计算在银行业的发展，云技术也将改变产业链、客户、收入模式等，并使之现代化。

二、云计算在会计信息化中的应用可行性

（一）经济可行性

随着电子信息技术的逐步发展和网上银行、支付宝等产品的出现，金融服务不断向电子平台转移，新的电子商业模式对传统银行业产生了重大冲击。云计算技术的发展为商业银行的会计信息化发展提供了技术支撑。一方面，云计算的灵活性和易用性加速了新商业模式的应用和推广；另一方面，利用云计算进行会计数据处理可以降低运营成本。银行不再需要大量投资于新商业模式所需的物理设备，也不用担心维护和定期维修；虚拟云服务系统自动完成这一切，银行只需支付与所获服务相称的租赁费。互联网数据中心的数据显示，使用传统会计信息系统的隐藏成本高达70%。由于云供应商提供的服务是规模经济，用户使用得越多，分摊的成本就越低，这为银行账户使用云服务提供了经济支持。

（二）技术可行性

事实证明，云计算是许多公司在开发测试环节的一个优势。会计数据的云计算是一个完整的数据资源生产、整合和分配过程，不是一个简单的应用。处在转型期的商业银行的业务发展迅速，其对数据资源、会计信息系统的需求也在不断地变动，而且越来越复杂，行业间的竞争压力和风险也会不断增加。云计算利用虚拟化和数据中心技术，使所有的内部数据资源得到整合，统一管理，并根据需要动态分布，再加上灵活性和稳定性，大大促进了银行业务模式的创新。云计算还可以共享存储的数据资源，并结合复杂的数据资源提供业务服务，可以保证银行系统的功能和服务水平，保证了云计算技术在银行和其他部门使用的技术可行性。

第三节　云计算在高校教学信息化的应用研究

一、云计算在高校教学信息化中的作用分析

（一）存储海量教学资源

高校的教学资源随着时间的推移不断积累，具有体量巨大、类型多样的特点，传统的数据中心已经不能满足教学资源管理的存储需求。云计算可以充分利用大量的中低端服务器甚至是闲置的服务器资源，建立高性能、低成本、大

规模的分布式数据中心。通过集群和分布式计算工具，每个终端的计算能力可以被整合和利用，为许多复杂的学术任务提供计算服务，提高计算效率。教育应用的云存储服务的优势包括高可靠性、高容量、集中存储和低冗余度。

（二）整合高校异构教学资源

教学资源往往以不同的形式、不同的设备和不同的部门分布在一起，通常形成一个异质资源。因此，确定如何有效整合异质学习资源是很重要的。云计算的基本前提是结合、存储和分享数据，以最大限度地整合资源。这样，就可以利用云服务将世界各地的学习资源聚集在云端，学习者可以根据自己的需要自由选择学习内容，而教育者只负责对学习资源进行分类、管理和制定使用规则。在学习过程中，学习者和教育者可以根据定义的规则对现有的学习内容进行补充和修改，从而不断完善学习资源库，降低培训成本，充分配置资源，提高教学质量。云计算结合了大量的异质学习资源，利用虚拟化技术分布于不同的设备和格式。云计算创造了一个庞大的云资源库，实时动态更新，为世界上任何地方可以上网的学生提供高质量的学习资源。云计算具有很强的可扩展性，多个机构可以将其现有的硬件和软件资源添加到一个共同的云中，减少每个部门重复冗余的资金和时间投入，确保学习资源的真正共享。

（三）保障教学资源安全

教学资源的安全问题有很多方面，包括教师和学生的知识、教学资源和教学材料。与传统的存储模式相比，云计算在存储位置、资源访问、维护方式和病毒防护四个方面具有明显的优势，如表5-1所示，可以显著提高教学资源的安全性。例如，多副本技术不仅能为用户提供无错误的检索，而且还能确保数据安全。

表5-1　云计算与传统教学资源管理模式对比

序号	对比项目	传统模式	云计算模式	传统模式劣势	云计算优势
1	存储位置	网络服务器	云端存储	软硬件易损坏、系统易崩溃	多副本存储在成千上万的服务器集群中，系统稳定性与安全性高

续表

序号	对比项目	传统模式	云计算模式	传统模式劣势	云计算优势
2	资源访问	共享下载	在线应用	病毒、黑客攻击导致资源失效	远程访问服务,永不失效
3	维护方式	部门信息人员	专业团队	人员技术力量有限	技术先进、服务专业
4	病毒防护	本地维护升级	云端无感维护升级	费用高、病毒库升级不及时	专业团队保障、升级维护及时

（四）提供丰富多彩的教学服务

由于云计算的多功能性和虚拟性，来自不同形式的学习资源的海量数据被虚拟成一个基于云的学习资源库，可以提供丰富的学习内容和独特的学习服务。具体的学习服务包括：

（1）数据可以在任何时间和任何地点的多个设备之间自由共享。例如，几个人可以合作在线编辑培训文件，在不同的终端（如手机、平板电脑、台式电脑或笔记本电脑）之间分享培训视频和课程材料。

（2）网络上的各种电子学习活动，如慕课和流媒体。

（3）与家长互动，向他们展示教育领域的成功案例，从学校到生活教育，从教育理念到教育方法等。用户无须安装额外的服务器端应用程序或客户端软件，就可以轻松地访问基于云的教育服务，并且可以随时随地通过浏览器访问他们需要的服务。例如，许多主日学课程目前都是基于云模式。在最近由冠状病毒引起的肺炎爆发期间，❶发挥了关键作用，同时支持数万人的电子学习活动，并确保教育部"不收费、不停学"政策的实施。

（五）确保教学资源的时效性与有效性

目前，大量的网络学习资源网站变成了僵尸网站，无效链接多，学习内容过时，无法保证学习资源的有效性和实时性，大大影响了网络学习的质量。云学习平台可以自动检查大量学习资源数据的有效性，并对其内容进行过滤；可以自动及时更新云学习资源，保证学习环境中的资源是新的，并突出显示，以

---

❶ 寇卫利，狄光智，张雁.MOOC与传统在线课程的关系辨析［J］.工业和信息化教育，2016，（3）：75-79.

吸引用户的注意力；通过分析学生的学习行为，可以智能向用户推荐有趣的学习资源。❶

二、云计算在高等教育中的应用现状

高等教育机构的 IT 实践已经显示出机构和个人对云服务的选择性使用，其中最常见的是电子邮件服务和云平台、计算服务和其他对科学研究的支持。在澳大利亚和新西兰，大约 75% 的大学已经将学生电子邮件服务迁移到云端。2010 年，麦考瑞大学成为澳大利亚第一所将研究、教学和行政人员的所有电子邮件服务外包给云服务提供商的大学。许多英国大学已经将他们的电子邮件服务外包给云供应商，其他大学也在考虑这种方法。加拿大大学采用云计算的速度相对较慢，原因是对境外个人数据管理立法严格，限制了大学从境外选择云供应商的能力。加拿大学院和大学理事会（CDCCIO）正在积极努力，将一些隐私评估选项纳入加拿大立法，以保持与云服务提供商的协商和合作。在美国，Kuali 基金会已经为几所大学推出了开源项目，如 Kuali Ready，以提供云服务。

2010 年，美国国家科学基金会和微软公司宣布，一组特定的研究人员和研究团队将获得免费使用 Windows Azure 云计算资源的权利。在英国，纽卡斯尔大学的 Paul Wastson 教授和他的团队根据他们在 JISC 资助的研究项目中的经验，开发了电子科学中心，这是一个基于云的平台，支持跨学科研究。此外，许多云服务提供商，如谷歌、微软和 IBM，积极寻求与大学或专业组织合作，以促进其服务。一些教师和学生还可以选择一些云服务，如 Gmail、Google Docs 和 Eucalyptus，以方便他们日常的记录、编辑和科学研究工作。

下面针对中国台湾大学以及中国科技大学进行相关的研究表述。

（一）中国台湾大学：台大"筋斗云"

台大"筋斗云"是由中国台湾大学实施的一个基于云计算的平台项目。该项目的愿景是以云计算为起点，对运营模式进行现代化改造，以支持南大成

---

❶ 寇卫利，胡刚毅，鲁宁，等.高校云计算教学平台应用模式探讨［J］.软件导刊，2020，19（7）：241-244.

为一流大学的目标，并在研究和教学方面努力追求卓越。该项目将由南大信息技术和计算机网络（中心）牵头，与微软、IBM、思杰和普华科技合作，并分几个阶段实施。

该中心为这个项目制订了详细的计划。在云平台的实施方面，将采用 IBM eServer Blade Center 服务器作为云计算的基本操作平台，以提供稳定的计算环境；采用普华科技的容错磁盘阵列作为存储服务器，以确保大容量、快速和稳定的容错存储设备；采用微软 Hyper-V 虚拟化技术，以确保虚拟化提供最大效益，如灵活的性能、易用性和增强的安全性。Citrix Netscaler 应用防火墙被用来确保最高级别的数据和网络安全。南大认为，从云计算平台创造真正价值的关键在于服务，中心为推广南大的云计算服务制定了以下创新方法：结合现有的校园管理系统，引入简单便捷的支付机制；推广专业咨询，促进现有系统和应用的云计算应用；引入服务水平协议，确保最佳价值。为了确保最佳的成本效益，引入了服务水平协议的概念。

通过这些创新，中心还希望从其传统的支持服务角色转变为促进者和合作伙伴的角色。迄今为止，该中心已经完成了云环境的第一阶段，其中包括网络托管和云存储服务。项目的下一阶段还将包括数据同步服务、桌面应用服务以及软件共享和协作平台。此外，该中心正在计划一些创新举措，如提供基于云的服务和开发计费方法。

（二）中国科技大学："瀚海星云"校园云服务平台

中国科学技术大学的"瀚海星云"是一个云平台，为所有教师和学生提供云服务。云平台的主要配置如下：硬件部分采用曙光刀片服务器、4 台联想 2 路机架式 PC 服务器和曙光 48T 存储服务器；软件部分基于开源云平台 Eucalyptus，使用 Ruby on Rails 开发前端网络服务管理平台，并基于 Nagios 和 Ganglia 定制系统管理。该软件组件是基于开源的桉树云平台。在订单中，你可以指定对硬件、软件实施和其他资源的具体要求。一旦你的请求被处理，你就可以使用它们。该平台使学生和教师能够在平台上创建私有云，实验云技术和应用，定制强大的科学计算平台，实现并行计算等实际项目。

以使用高性能个人计算环境为例，用户通过网络界面指定所需并行计算环境的节点数量和节点属性，并将应用描述发送到云平台。云平台自动启用并行计算环境，并使用虚拟机图像启动虚拟机，以创建一个符合用户需求的计算环境。在该校 2010 年秋季举办的并行算法培训班上，100 多名学生利用该平台进行了并行计算的实验。20% 的学生不间断地使用科学计算平台超过一个小时，大多数人使用的并行线程不少于 64 个。实验数据表明，该平台能够提供良好的计算速度。据负责 HPC 平台的讲师和学生介绍，未来的工作计划包括提供低成本的大容量云存储和相关服务；提供安全服务，包括 IBE 加密机制和数据完整性检查；为 HPC 平台提供更多定制的部署服务；提供更友好的界面，以方便讲师和学生使用。

三、启示与展望

(一) 启示

每一项新的科技发明，都会给人类带来无限美好的憧憬。从 PC 到互联网，从 Web1.0 到 WebX.0，从广角镜头来看，高等教育世界的确因此发生了巨大的变化，但是，在微距模式下看，技术并不总是能将憧憬变为现实，只有在恰当的时机、恰当的场合、使用恰当的技术，才会让技术真正发挥威力。谷歌、亚马逊、IBM 从事云计算相关的应用研究之初，都是为了满足自身业务发展的需要，同时他们都拥有强大的资金和技术实力。在其发展的过程中，外在 IT 产业的发展及用户的需求又让云计算的优势凸显，在动态发展中为公司创造商业价值并引领产业变革。云计算在这些商业公司的应用成功有很多综合的内部、外部条件的支持，而非仅仅是因为技术本身的吸引力。

北卡莱罗纳州立大学的 VCL 学术云围绕"虚拟计算"提供各个层面的计算服务，其内容和服务将随着研究的发展逐步扩大。此外，Apache 软件基金会也长期支持 VCL 项目。北大的 IT 管理人员对云计算持乐观态度，并积极推动云计算成为为大学提供更多用户友好、高效和选择性服务的手段，也是推动大学工作、管理和教学方式变革的手段。为此，NTU 的 Tendon Cloud 是一个端到端的解决方案，将与领先的公司合作，分阶段、有计划地实施。应该说，南大现有的企业和资源管理系统已经处于比较高的水平。该大学开发了南大的

"瀚海星云"校园云平台，以发挥其技术优势。它在使用计算环境和研究平台方面提供教学和研究支持，并在初步服务的基础上为教师和学生提供研究和学习支持，并将制订未来计划。

对这三个案例的深入分析表明，这三所大学在各自地区的信息技术领域的发展、相关的教育政策和制度、信息技术在教育中的比重、组织结构、技术和资金实力等方面的内外部情况都有很大不同。但是，他们都对云计算的本质有深刻的认识，并根据学校和地区的现状，制定了切实可行的目标，有计划、有步骤地推进云计算的应用。因此，中国大陆很多高校在考虑使用云计算时，首先要对所在院系的环境和条件进行准确全面的评估，分析云计算在这些条件下能做什么，能创造什么，能改变什么，积极寻找云计算的切入点和应用，努力为云计算的应用创造条件，形成双向选择。推广云计算的可行方案，以便真正为高等教育的更新和发展增加价值。

（二）展望

云计算这一概念能够沿用至今，不断经过磨炼，如今已经相对比较成熟了，能够应用到很多产业或者是生活中。2010年5月，EDUCAUSE和NACU-BO联合发布了《形成高等教育云》白皮书。白皮书认为，高等教育领导者需要重新思考高等教育的服务模式，高等教育机构之间的合并和共享服务正变得越来越普遍。

业界普遍认为，云计算在改变高等教育方面具有巨大潜力。然而，由于安全、IT治理、监管和服务质量等潜在的关键问题，许多高等教育机构对未来的发展方向和运营过程仍然持谨慎态度。他们认为，云计算在高等教育信息化中的应用，未来可能会出现以下情况：

（1）高等教育机构将对机构内的所有数据和服务进行分类和评估，将一些公共功能迁移到云中，在本地数据中心托管一些关键服务，并允许学生、教师和工作人员选择自己的公共云服务。

（2）专业协会作为中介机构，在第三方云供应商和高等教育机构之间进行需求谈判，使第三方供应商更容易开发公共服务，以满足高等教育机构的共同需求，实现规模经济，同时也使各个高等教育机构能够创建专注于自身优势的私有云服务，以满足特定需求。

（3）专业协会应通过项目资助或其他活动促进在高等教育中使用云计算的尝试，并收集和分析成功和失败的案例，编写报告，以便分享经验和学习。

（4）云服务模式允许高等教育机构的 IT 部门与第三方合作管理 IT 服务，因此 IT 人员必须学习新的管理技能，如合同管理。

（5）为高等教育部门提供的云服务将侧重于该部门的具体需求，同时引入服务质量保障，以保持采购成本和减少开发成本。

（6）在云服务标准化的同时，公共和私人云服务将被无缝连接，以创建一个跨区域的"高等教育云网络"，实现聚合和共享。❶

第四节　云计算在现代农业技术中的发展分析

一、现代农业中云计算技术应用模式与前景

云计算技术既具有独特的个性，同时又与其他信息技术应用有着密切的联系。现代农业云计算的应用模式分为三个圈层：最外层是用户层，主要是指农业用户，如农民和参与农业生产、经营、管理的各类公司、组织和社区；中间层是云平台，为用户使用云服务提供支持层；外层是基础层，为云服务提供基础的软件、硬件、终端和网络接入服务。

（一）云计算下农业信息资源开发使用优势

首先，云计算的应用受到云计算大量客户需求、网络运营商、软硬件提供商和服务商等的积极推动。通过结合云计算中不同利益相关者的能力和资源，利益相关者将形成共同的资源，在农业增值知识发展过程中的各个环节相互补充，提高竞争力，共同创造价值。其次，该模式对农民和农产品用户需求的关注，使每个参与企业都能把用户的需求作为其价值取向的参考，把提供满足客

---

❶　赵轩. 互联网+时代的教育变革与思考 ［M］. 北京:北京理工大学出版社，2019.

户需求的产品，为客户创造价值作为企业价值取向的目标，从而使企业寻求对市场需求的快速反应，预测市场变化，把握市场时机。

（二）在农业生产中云计算的应用模式与前景

云计算应用模式与前景贯穿整个现代农业过程，包括了农业生产、农产品流通、农产品销售和农业管理等各个阶段，云计算在农业生产中的应用，目前主要在以下 3 个方面得以体现：

1. 提供生产资料信息

农业生产有赖于生产资料的融资。传统的农业生产投入是种子、肥料、农业机械和工具，但在现代农业中，农业生产的选种信息、农产品的预期销售信息和农业新技术的生产方法往往是农业生产准备的资源。在市场条件下，特别是在国际市场加速一体化的情况下，不同类型的投入，信息丰富、广泛且变化迅速，简单、落后的数据收集能力、缓慢的数据传输水平、低下的数据存储能力和简陋的数据处理方法无法满足现实的数据获取需求。我们必须充分利用云计算的技术优势，收集数据，提供科学合理的规划。

2. 管理农业生产过程

在现代农业中，农业生产的许多方面现在都与自动化管理和科学监测系统有关。数据处理是这些系统的核心，而云计算是一个可以有效处理大量数据的技术平台，因此适合其应用需求。在目前的农业生产过程管理中，有很多应用的例子，如构建作物生长模拟模型。中国已经开发了水稻种植的模拟和决策优化系统，棉花生产的模拟和决策管理系统，土壤、植物和大气中的水和气体运输模型，以及粮食储存模型，烘干模拟模型；如实时农业生产管理系统，主要用于灌溉、耕作、水果收获、动物生产过程的自动化管理、农产品加工的自动化管理和农业生产的产业化。动物生产的自动化控制可以优化饲料成分，自动调整动物的生产环境等。此外，在农业和经济管理层面，遥感系统被用于作物评价，如棉田遥感系统，作物分析和预测系统，短期、中期和长期作物预测模型，通过遥感评价小麦和水稻作物的信息系统等。它们已经成为现代农业资源管理的重要工具，能够收集宏观、实时、低成本、快速和高度准确的数据，进行高效的数据管理和空间数据分析，它还被用于土壤、土地、气候、水、作物种类、动植物分类、海洋渔业和其他资源的清查和管理，以及全球范围内植被动态监测、土地利用动态监测、土壤侵蚀监测和国家层面的农业空间数据收集。

3. 农业生产过程的信息支持服务

信息技术被用来为农业生产过程提供信息支持服务，典型的应用包括：农业专家系统，如诊断和管理水稻病虫害的专家系统以及选择和改良小麦、玉米和桑树品种的专家系统。远程农业信息支持技术，以在线专家、数据库和类似案例的形式向农民或相关农业单位等提供网络化的远程技术援助，重点解决农民在农业生产过程中面临的困难问题，如选种、病虫害防治、农药使用、农场管理等。农业机械的数字建模技术，包括农业机械在虚拟配置中的数字设计，虚拟原型设计和人体工程学设计，以及对拖拉机、联合收割机和大型灌溉系统及其他典型农业机械的技术要求进行评估，建立结构、参数和功能模型库，研究机械的常用部件和虚拟建模技术。研究三维数字模型的设计方法，共性关键要素的有限元分析设计，为农业机械的虚拟设计、虚拟试验和虚拟人机工程设计及产品评价提供支撑条件；农业装备的虚拟设计技术，基于典型农业装备结构的数字模型，研究虚拟装配、虚拟样机、虚拟人机工程设计等实施方法。当然，支持农业生产的信息服务远不止上述内容。这些系统和技术是基于对大量数据的分析，需要一个更好的研究、分析和实施平台。云服务可以为存储、计算和交换数据提供必要的高效和成本效益的平台，提供软件应用环境，如数据仓库，分析和利用大量的数据来执行其技术功能。

（三）在农产品流通中云计算的应用模式与前景

农产品分销过程包括三个要素：要分销的农产品、要运输的车辆和分销路线。这些信息不仅用于指导政府对农产品流通的有效管理，而且也为组织和实施农产品流通的公司、组织和个人提供信息，帮助他们实现产品的有效流通，确保经济效益。农产品回收过程中的云服务的模式和前景主要涉及以下3个方面。

1. 信息管理流通农产品

一般来讲，具有生命的动物性和植物性产品就是农产品，它们外形不统

一、规格不一致、对新鲜度和时效性都有较高的要求，因此在农产品物流中体现出包装难、运输难和仓储难等特点。物流运输效率是目前影响农产品物流的突出问题之一，农产品物流系统是提高运输效率的重要工具，其中运用射频标签技术可以即时获得准确的物流信息。

对农产品在流动过程中进行跟踪和追踪，减少农产品流动过程中不必要的环节和损失，减少农产品供应链各个环节的储备库存和周转资金。它可以实现对农产品的安全跟踪和追踪。云计算满足了物联网的 IT 要求，以及功能强劲的服务器来处理大量的农产品物流数据，提升信息管理效率。

2. 信息管理运输车辆

农产品轮换的物流特点是距离长、车辆多、鲜活农产品时效性强，这就要求云计算要快速准确地收集和利用相关数据；基于 GPS 的实时车辆调度系统的使用越来越多，它可以准确地实时记录运输车辆的状态，进行高效调度；在农产品轮换中使用车辆调度系统，需求和好处是显而易见的；农业商品运输车辆产生的 GPS 数据的收集和处理也对大规模监测、分析和决策的数据处理能力提出了高要求。此外，对许多运输车辆的管理也涉及大量的数据，如运输类型、数量、装载能力、当前位置、运输活动和专用空间等。云平台可以有效地管理这些大量的数据，实现对农产品物流方面的有效管理。

3. 信息管理流通方向

流动方向数据是指当前农产品和运输车辆的流动方向，包括出发地、目的地和过境点的信息，用于管理农产品的运输。再一次，我们可以利用云平台的优势来有效地管理这些数据。

（四）在农产品销售中云计算的应用模式与前景

生产者、经营者、经销商等向各类中间用户和最终用户提供农产品以换取一定价值的过程就是农产品的营销，也就是产品价值的实现过程。这个过程决定了农产品生产者、农民和经销商所获得的经济利益水平以及他们的工作报酬水平。在中国这样的农业大国，农业是一个薄弱的部门，农产品的营销对于农业生产价值的最终实现至关重要。传统营销方式的缺点非常明显，如农产品结构不能适应市场需求的变化，市场信息发布不畅，交易成本高，效率低。信息技术和网络的发展和利用，为农产品营销提供了新的途径，创造了一个开放而广阔的交易平台，实现了农产品经营和销售的电子化、网络化，不仅扩大了销售渠道，加快了信息的流通，而且降低了交易成本，方便了用户使用，大多数生产者和经营者越来越多地采用网络营销。目前，已经发展或正在逐渐发展的农产品网络营销模式主要包括以下4种：

1. 网上农贸市场营销模式

将传统的农贸市场转移到网络上，形成网上农贸市场，人们将能够实现"逛一家网站，选万家商品"，十分便捷，这一优点在目前发展迅猛的淘宝网、京东网的网购量就可以十分生动地体现出来；同时因为有传统农贸市场做后盾，网上农贸市场可能发展成为一种成功的营销模式。

2. 网上农产品专业批发市场营销模式

农贸批发市场具有品种繁多、分类细致、品牌聚集、价格可比、人货两旺的优势。这种模式也可以在网上应用，建立一个农产品批发市场贸易门户网站，收集并分类农产品目录，客户可以快捷地找到所需要的农产品，了解产地、价格、品种、特点等信息，十分便捷。

3. 网上连锁店营销模式

连锁店由于其连锁经营、垄断经营、统一产品、统一价格、统一服务、统一管理等与特定品牌相适应的"标准化"特征，占据了农产品的特定市场；当与物流和完善的配送优势相结合加工，可以成为非常成功的农产品。

4. 团体购买或服务的特色营销模式

这里的特色包括：特色产品，如地方土特产；特色服务。团购就是近几年发展出来的新网购的模式，鉴于其在商品零售等方面将其移植网络营销上，这是十分现实的，但要注意突出自己的特色。俗话说，商场如战场，由此可见，网络市场竞争也是非常激烈的，有的人网购好，效率高，有钱赚，有的店铺则无人管，长期没有生意。有一个有效的网店，除了自己的人气指数，特别是利用产品的特点，实现网上经营的良好业绩，必须做到"人无我有，人有我优，人优我廉"。与其他消费品一样，随着人们生活水平的不断提高，人们的消费观念正在发生根本性的变化，关注点不再是吃穿问题，生活逐渐向健康、优质、特色方向转变，城市居民在这个方面体现得更为突出，城镇居民越来越喜欢特色食品、休闲食品、保健食品，特色农产品是这类食品中的重要一员，也是日常生活消费品，市场前景十分广阔，我们必须抓住商机，深度开发，做好这类农产品的网络营销工作。

网络是网络营销的基础，信息是载体，实现靠平台，成功靠服务；云计算技术的出现与应用强调的是平台与服务的便捷提供，这与网络营销的发展与成长要求是契合的。在云计算条件下，与农产品销售有关的信息的采集、获取、传递和处理能力明显增强，数据存储容量和管理水平及平台服务能力将有质的提高，这些对于从事农产品生产、经营、流通的人员，以及管理人员而言，都是具备强烈吸引力的。

（五）云计算在农业信息服务中的运用

农业信息服务的概念是非常广泛的。农业信息服务是为农业生产、管理和战略决策收集、比较、处理、交流和使用科学、经济和社会信息的过程。有关部委强调，农业信息服务是以用户的农业信息需求为中心，收集、生产、处理和传播信息的信息服务。农业信息服务的目标群体包括公共农业部门、农场和农民，并以不同的方式提供活动，以满足不同目标群体在农业生产不同领域的不同信息需求，从周转到销售。农业信息服务由几个要素组成，如目标、主题、对象、内容和工具。农业信息服务有两个目标：一个是直接目标，指的是在农业信息技术发展的背景下提供基本的信息服务，以满足各行为主体（如个体农民和农业企业）的信息、技术、生产和生活需求；另一个是间接目标，指的是为国家各级政府提供农业信息服务。农业信息服务应提供真实可靠的信息和数据处理服务，使各级政府能够全面收集宏观的农业生产和管理信息，使企事业单位能够参与农业科技研究，以达到协助公共管理部门制定宏观的农业管理战略，协助企业和社区确定市场规则，科学合理规划管理的目的。

农业信息服务的主体指的是从事农业信息服务的机构和人员。信息服务则是将信息作为商品和目标，主体与对象进行互动。农业信息服务组织收集、汇编、处理和储存信息，并向农业部门的用户提供经过过滤和处理的、有组织的综合信息服务。农业信息服务组织包括各级政府、农场、机构和参与农业信服务的社会团体。农业信息服务由机构聘用的工作人员或独立提供信息服务的人员管理。在农业信息服务的方式方法上，要拓展信息服务的渠道，改变过去孤立、被动的农业信息服务，利用广播、电视、网络、手机等当今较为全面的信息传播方式，通过信息传播、信息推广、信息咨询、咨询服务，拓展服务的形式和手段。此外，移动农业信息服务、科学出版物、农村科技教育、农业信息会议和技术展览会也是提供农业信息服务的有价值的方式。

二、云计算技术对现代农业的影响

（一）可以影响现代农业信息资源利用模式

由于服务体系的变化和服务机制的创新，云计算对现代农业信息资源管理的模式产生了非常大的影响，主要体现在以下几个方面。

1. 按量计费的出现

云计算的特点是资源的按需使用和按量计费。在云计算模式下，农业信息服务不再需要建设信息基础设施、购买设备、建立信息资源、创建服务平台，只需要从云数据中心租用必要的资源和服务。因此，从理论上讲，只要在全国不同地区建立几个大型云数据中心，为农业用户提供综合数据服务，就可以实现传统的数据服务方式。

2. 集成检索的运用

基于云的系统可以改变传统的信息检索模式，为用户提供综合的、全面的搜索。当农民向系统发出搜索请求时，基于云的资源规划中心会动态分配计算和存储资源，自动汇总结果并以智能方式（如通过相似性分类）返回给用户。数据检索不再受硬件限制，搜索的速度、准确性和智能性都有很大提高。

3. 联机咨询的帮助

在云计算环境下，提供农业推广服务的方式将发生重大变化。网络化的云平台可以将不同的农业大学、农业研究机构、农业推广服务机构、专家甚至农民的"土专家"以一定的方式调动和组织起来，共同提供咨询服务，回答农民的问题。农民不用再纠结找谁解答疑问了，因为云平台让他们可以在公共平台上发布问题，或者根据具体计划把问题发给相关机构或专家，平台上的各个机构和专家可以根据自身的专长为他们提供建议或回答问题，同时获得相关的经济或其他奖励。这种模式让云平台决定向谁咨询，向谁回答，在对大量信息掌握和了解的条件下，云平台做出的选择显然比缺乏知识的农民更为准确，也更加合理。

（二）可以影响现代农业信息服务模式

任何一个模式都需要有适宜的条件，影响农业信息服务发展模式的要素是多种多样的，其既与信息技术自身特点有关，也与一个国家及地区农业经济发展整体水平、发展历史及传播环境有密切关系，主要内容可以概括为以下六个方面：

其一，区域和时间环境以及农业发展水平。选择如何在一个家庭或地区发展农业信息服务，是对产业发展路径和模式的综合认识，在特定的时间和区域环境下，每个产业都有自己的特点和优势。一个地区的农业发展水平将在一定程度上决定该地区的农业信息服务如何发展。例如，经济发达地区已经有了开发全国市场的成功经验，有能力和实力关注信息服务链的最高环节（营销）；其二，农民使用信息的雄心和能力。工人是信息的主要使用者，他们的需求决定了信息服务的供应。随着劳动产品的大量增加，可用于发展农业信息服务的生产要素基础也在发生变化，在一定程度上影响了信息服务发展的基本模式，但发展模式不仅取决于生产要素，更取决于这些生产要素的有效利用；其三，市场、基地和产品结构。农业服务的发展模式是基于现有农业市场的逐步发展。现有的市场基础可以在技术、资本、人才和机构方面为未来的市场发展创造良好的条件。现有市场的内在关联性和产品结构是选择服务发展方向的最重要因素；其四，信息技术因素。信息技术的发展阶段、信息技术应用体系、核心信息技术的运用力、信息技术创新体系、信息技术支持体系等要素对信息服务发展模式起到了影响作用；其五，组织体系和产业配置。市场需求决定了产业的位置和地位，产业政策的导向和信息管理的方法；其六，农业政策因素。政府的政策措施、机制和方法在整个农业信息服务模式的发展中起着非常明显的作用。政府的政策不仅可以规划、引导和改变农业信息资源的配置，还可以通过各种方式指导和引导农业信息服务的发展，特别是支持部门的发展，为农业部门创造良好的外部环境，使农业发展取得更大突破。

随着农业信息技术的深入应用，中国的农业信息服务模式已经从早期的农业广播频道和人工传播农业信息的阶段迅速发展到信息化和网络化的模式。然而，在具体方面，不同的地点仍处于不同的阶段。目前，中国的农业信息服务模式可分为三大类：政府主导型、企业主导型和混合型。这些模式中的每一个都有几个具体的行为模式。政府主导的模式，即政府是农业信息服务的主要行为者，做的是农业信息服务的主要工作，可以分为两种类型："纵向"是指由中央政府垂直管理的各种农业信息服务项目，"横向"是指由不同地区的地方政府管理的农业信息服务项目。农业信息服务通常是由中央政府与地方政府合作，按照中国的财政投资建设方式，即以"纵向"为主，"横向"为辅的模式建立农业服务的主体网络。企业主导模式是以企业为管理主体，以农民为服务对象，由企业搭建信息平台、农业推广系统或在政府购买企业产品后为农民免费提供农业信息服务的一种民营自主服务模式。"政府+企业"的混合模式是指政府办农业信息服务，企业参与的模式，主要包括："科技园+示范区+推广区"模式，政府投资建设示范区的基础设施，农业科研单位组织实施；"政府+大学（科研院所）模式+农业"预诊系统的模式是以市场为导向，以大学或科研机构为骨干，以项目为纽带，与中央农业部门合作实施；农业远程诊断系统的模式是以实时网络的农业远程诊断模式为基础，以互动技术为平台，设计多个组件，满足导航、学习、快速识别和远程诊断的需要。"农业技术专家+农民"模式，也被称为"科技入户"，是科技专家和农民之间的双向互动"直达列车"。

随着云计算的发展，这些模式将变得更加市场化，即以前主要由公共部门提供的服务将越来越多地转向市场化的公司；公司也将越来越多地成为集中和大规模信息服务的提供者，信息服务的水平、内容和范围将逐步扩大。

（三）可以影响现代农业商务模式

实现商业化的信息服务是云计算诞生和发展的目标，其体系的技术特色将对农业电子商务的实现产生重要的影响。

首先，将技术基础设施和管理（如硬件和专家服务）的责任从客户那里转移到服务提供商那里，将减少农业数据用户的技术困难，减轻他们在访问和维护数据方面的负担，并鼓励他们积极采用信息技术。其次，专业化和规模经济降低了信息服务的成本。云计算正在逐步建立其商业模式——公用事业模式。在公用事业模式中，IT 资源被视为一种可衡量的服务，就像水、电、气等传统服务一样。公用事业计费允许用户只为他们需要和使用的那部分资源付费。这对于农业信息用户而言将大大减少其信息资源使用的成本，尤其是对低收入的农民个体来说无疑是巨大的福音，不再需要昂贵的计算机、网络等设备，不再需要花费时间和金钱学习计算机操作和网络使用技能，不必花钱解决计算机故障，同时还能从低成本和高效率的数据检索、数据分析和专家咨询中受益。此外，将软件"所有权"从客户手中转移到外部供应商，消除了控制客户应用的问题。这种模式可以降低非计算机专业人员（如农民和种植者）获取数据的技术门槛，为他们获取更广泛的数据源提供便利。云计算还解决了农业电子商务发展中存在的一个主要技术问题，即硬件不足的问题。电子商务需要对数据进行电子处理并通过网络传输，这就需要高效和高质量的计算机网络。我国公共网络基础设施建设相对落后，投资渠道单一，投入不足，网速慢，成本高，这已成为制约农业电子商务快速发展的一大问题。云计算的应用将有效引导资金，加强网络设施建设，改善系统性能，发挥现有硬件资源的潜力，提供满足农业电子商务的硬件基础。

通过对云计算优势的研究和分析，我们可以评估出，在云计算技术的快速发展下，农产品电商必然会迎来新的局面，农产品电商模式也在发生新的变化，这可以体现在以下几个方面：其一，农产品电商的虚拟化与实体化结合更加紧密。网络的基本特征是虚拟化，而农业电子商务的发展，如农业电子商务网络，要求农产品具有很强的物理特征，能被用户感知，所以需要加强物理和虚拟化的结合，电子商务平台进行的交易是交易双方的初次接触和后续交易；其二，是农业电子商务的覆盖面加大。由于云计算提供了更先进的电子化平台，覆盖的区域、用户人群和层次都大大增加了，电子商务的需求也相应增加了，其覆盖的人群范围、业务种类、业务范围将得到极大的拓展，以前可能只有预期的电子商务可以在云计算条件下实现，例如农民个人进行网络农产品的直销等；其三，农业电子商务扩展了社会影响。农业电子商务种类和覆盖范围的增加，将扩展其社会影响，逐渐提升农业电子商务在社会商务中的地位，逐渐改变人们对传统农业电子商务的认识，尤其是更新农民落后的思想观念，以科技的应用改变农业生产与经营的模式，改变"三农"现状；其四，其他变化。农业电子商务本身的内容也将随之发生变化，例如各种用途各种形式的网站的产生，商业支付体系的成熟，农业电子商务成本的下降等，这些都是农业电子商务在云计算条件下可能产生的新变化和新形势。❶

---

❶ 戴红，曹梅，连国华. 云计算技术应用与数据管理 ［M］. 广州:广东世界图书出版有限公司，2019.

参考文献

［1］戴红，曹梅，连国华. 云计算技术应用与数据管理［M］. 广州：广东世界图书出版有限公司，2019.

［2］邓毅. 计算机网络技术与云计算理论研究［M］. 北京：文化发展出版社，2019.

［3］李晓会. 网络安全与云计算［M］. 沈阳：东北大学出版社，2017.

［4］李旭晴，阎丽欣，王叶. 计算机网络与云计算技术及应用［M］. 北京：中国原子能出版社，2020.

［5］宋俊苏. 大数据时代下云计算安全体系及技术应用研究［M］. 长春：吉林科学技术出版社，2021.

［6］赵轩. 互联网+时代的教育变革与思考［M］. 北京：北京理工大学出版社，2019.

［7］陈慧敏. 云计算在财务管理信息化中的应用研究［J］. 现代经济信息，2017（2）：177-178，180.

［8］管晨智. 云计算视角下中小企业混合云会计信息化应用模式探究［J］. 现代商业，2017（36）：136-137.

［9］黄荣喜. 云计算技术在现代农业信息化建设中的应用研究［J］. 广西农学报，2017，32（4）：43-45.

［10］姜宇，赵红光，赵宝芳. 基于云计算的学校信息化应用的研究［J］. 数字技术与应用，2018，36（8）：83-84.

［11］寇卫利，狄光智，张雁. MOOC与传统在线课程的关系辨析［J］. 工业和信息化教育，2016（3）：75-79.

［12］寇卫利，胡刚毅，鲁宁，等. 高校云计算教学平台应用模式探讨［J］. 软件导刊，2020，19（7）：241-244.

［13］李琳. 基于云计算的高校信息化管理应用研究［J］. 中国新通信，2019，21（8）：85.

［14］李长林. 云计算技术在医院信息化建设的应用研究［J］. 电子元器件与信息技术，2021，5（2）：209-210，214.

［15］刘华欣. 计算机网络安全技术的影响因素探索分析［J］. 电子元器件与信息技术，2022，6（9）：196-199.

［16］刘佳莉，王秀雯. 中小企业会计信息化云计算应用模式研究［J］. 纳税，2020，14（24）：127-128.

［17］卢胜宇. 云计算在工业信息化领域的应用与研究［J］. 通讯世界，2017（10）：77-79.

［18］彭鹏. 云计算在医院信息化建设中的应用研究［J］. 中国信息化，2021（4）：91-92.

［19］权衡. 云计算在中小企业信息化中的应用研究［J］. 通讯世界，2017（10）：94-95.

［20］阮小伟，蔡茜. 基于云计算下的高校信息化管理应用研究［J］. 信息系统工程，2017（6）：120.

［21］沈敏捷. 云计算在高校信息化建设中的应用研究［J］. 中国新技术新产品，2016（23）：26.

［22］王保宁. 云计算在中石油信息化服务平台建设中的应用研究［J］. 电脑知识与技术，2019，15（34）：80-81.

［23］王员云. 基于云计算的高校教育信息化应用研究［J］. 兰州教育学院学报，2015，31（6）：90-92.

［24］伍丹华，黄智刚，刘永贤. 云计算在农业信息化中的应用前景分析［J］. 南方农业，2011，5（5）：61-63.

［25］许有准. 云计算在中小企业信息化建设中的应用研究［J］. 企业技术开发，2017，36（2）：99-101.

［26］杨瑞利. 云计算技术在医院的信息化建设中的应用研究［J］. 科技创新导报，2019，16（8）：171，173.

［27］叶雪琳，胡忠望. 基于云计算技术的高校实验室信息化应用研究［J］. 中国现代教育装备，2016（13）：25-28.

［28］喻禹. 医院信息化中计算机云计算技术的应用研究［J］. 信息与电脑（理论版），2020，32（1）：12-13.

［29］张臣文. 云计算在高校教育信息化中的应用研究［J］. 湖北函授大学学报，2016，29（20）：13-14.

［30］赵鑫. 云计算技术在中国农村信息化建设中的应用研究［J］. 乡村科技，2017（19）：89-91.